"十二五"普通高等教育本科国家级规划教材

教育部－英特尔精品课程配套教材

辽宁省精品课程配套教材

新时代大学计算机通识教育教材

高克宁 李金双 焦明海 张昱 李凤云 李婕 李封 编著

程序设计基础（C语言）
实验指导与综合案例实践

U0368701

清华大学出版社

北 京

内 容 简 介

　　本书是《程序设计基础(C语言)》(第 4 版)(ISBN:978-7-302-68465-7)的配套实验教材,全书分 3 部分,分别是开发工具、实验指导和工程案例。其中,实验指导部分是配合《程序设计基础(C语言)》(第 4 版)中各章节教学内容安排的,覆盖相应章节教学内容,实验指导全面细致。工程案例按照教学进度进行分阶段讲解,便于读者尽早接触这些案例,提高编写复杂程序的能力。另外,还提供了部分实验习题参考答案和工程案例的完整实现代码,便于读者参考学习。

　　本书适合作为高等院校理工类各专业本科生教材,也可作为计算机培训教材。

版权所有,侵权必究。举报:010-62782989,beiqinquan@tup.tsinghua.edu.cn。

图书在版编目 (CIP) 数据

程序设计基础(C语言)实验指导与综合案例实践/高克宁等编著. -- 北京:清华大学出版社,2025.3. (新时代大学计算机通识教育教材). -- ISBN 978-7-302-68473-2

　Ⅰ. TP312.8

　中国国家版本馆 CIP 数据核字第 20250KY247 号

责任编辑:袁勤勇　杨　枫
封面设计:常雪影
责任校对:李建庄
责任印制:刘　菲

出版发行:清华大学出版社
　　　　网　　　址:https://www.tup.com.cn,https://www.wqxuetang.com
　　　　地　　　址:北京清华大学学研大厦 A 座　　　　邮　　编:100084
　　　　社 总 机:010-83470000　　　　　　　　　　　邮　　购:010-62786544
　　　　投稿与读者服务:010-62776969,c-service@tup.tsinghua.edu.cn
　　　　质量反馈:010-62772015,zhiliang@tup.tsinghua.edu.cn
　　　　课件下载:https://www.tup.com.cn,010-83470236
印 装 者:三河市君旺印务有限公司
经　　销:全国新华书店
开　　本:185mm×260mm　　　　印　　张:18　　　　字　　数:438 千字
版　　次:2025 年 4 月第 1 版　　　　　　　　　　　印　　次:2025 年 4 月第 1 次印刷
定　　价:58.00 元

产品编号:104397-01

前　言

　　"程序设计"是一门实践性很强的课程,仅仅通过理论学习不足以完全掌握程序设计的精髓,必须通过大量的程序设计实践提高对程序设计的认知。本书作为《程序设计基础(C语言)》(第4版)的配套教材,旨在帮助学生掌握程序设计的基本技能。

　　本书共分3部分。第1部分介绍教学中常用的两个跨平台开发工具软件CodeBlocks和Visual Studio Code的基本用法,方便读者根据自己的情况选择使用。第2部分根据教材的进度,精心设计了14个实验,每个实验都包括实验目的、实验指导和实验内容三部分内容,其中实验指导给出了详细的实验设计思路和实验步骤,对自行开展实验活动具有重要的指导意义。第3部分设计了5个适合初学者的个人软件开发工程案例,每个案例都按照程序设计的完整过程给予详尽的指导,以进一步培养学习者的综合实践能力。为使学习者能尽早参与案例的学习实践,每个案例都按照程序设计学习的次序,由浅入深地分三阶段讲解,每一阶段都提供了可独立运行的参考代码。附录主要包括针对实验内容的指导和奇数题参考答案、EGE外部库的安装与配置,以及常用的C语言库函数。

　　参与本书编写的主要人员有高克宁、李金双、焦明海、张昱、李凤云、李婕、李封、赵长宽等。

　　本书是"十二五"普通高等教育本科国家级规划教材、辽宁省精品课程配套教材、教育部-英特尔精品课程配套教材。

　　由于作者水平有限,书中难免有不足之处,真诚地欢迎各位专家和读者批评指正,以帮助我们进一步完善本书。作者的联系方式如下:

　　(110819)辽宁 沈阳 东北大学计算中心 高克宁。

作　者

2025年1月于东北大学

目　录

第 1 部分　开 发 工 具

第 2 部分　实 验 指 导

第 3 部分　工 程 案 例

附　　录

第 1 部分

开 发 工 具

开发工具 1　CodeBlocks 开发环境

1.1　概述

CodeBlocks 是一款开源、免费、跨平台的集成开发环境，支持 GCC、MSVC++ 等十几种常见的编译器。CodeBlocks 的优点是具有很好的跨平台性，在 Linux、macOS、Windows 上都可以运行，且安装后占用较少的硬盘空间，个性化特性十分丰富，功能强大，而且易学易用。这里介绍的 CodeBlocks 集成了 C/C++ 编辑器、编译器和调试器于一体，使用它可以很方便地编辑、调试和编译 C/C++ 应用程序。

1.2　安装 CodeBlocks

1.2.1　下载

CodeBlocks 的官方下载页面为 https://www.codeblocks.org/downloads/binaries/，可选择所需要的平台和版本。由于 CodeBlocks 的调试过程基于 Linux 的 GDB，最好选择带有 mingw 字样的版本，如图 1-1-1 所示。它内嵌了 GCC 编译器和 gdb 调试器。如果仅把 CodeBlocks 当作编辑器使用，或者打算自己配置编译器和调试器的话，可以下载不带 mingw 的版本。

Microsoft Windows

File	Download from
codeblocks-20.03-setup.exe	FossHUB or Sourceforge.net
codeblocks-20.03-setup-nonadmin.exe	FossHUB or Sourceforge.net
codeblocks-20.03-nosetup.zip	FossHUB or Sourceforge.net
codeblocks-20.03mingw-setup.exe	FossHUB or Sourceforge.net
codeblocks-20.03mingw-nosetup.zip	FossHUB or Sourceforge.net
codeblocks-20.03-32bit-setup.exe	FossHUB or Sourceforge.net
codeblocks-20.03-32bit-setup-nonadmin.exe	FossHUB or Sourceforge.net
codeblocks-20.03-32bit-nosetup.zip	FossHUB or Sourceforge.net
codeblocks-20.03mingw-32bit-setup.exe	FossHUB or Sourceforge.net
codeblocks-20.03mingw-32bit-nosetup.zip	FossHUB or Sourceforge.net

NOTE: The codeblocks-20.03-setup.exe file includes Code::Blocks with all plugins. The codeblocks-20.03-setup-nonadmin.exe file is provided for convenience to users that do not have administrator rights on their machine(s).

NOTE: The codeblocks-20.03mingw-setup.exe file includes additionally the GCC/G++/GFortran compiler and GDB debugger from **MinGW-W64 project** (version 8.1.0, 32/64 bit, SEH).

NOTE: The codeblocks-20.03(mingw)-nosetup.zip files are provided for convenience to users that are allergic against installers. However, it will not allow to select plugins / features to install (it includes everything) and not create any menu shortcuts. For the "installation" you are on your own.

If unsure, please use codeblocks-20.03mingw-setup.exe!

图 1-1-1　版本选择

1.2.2　安装

下载完成后,双击安装文件以启动安装程序,进入图 1-1-2 所示界面。

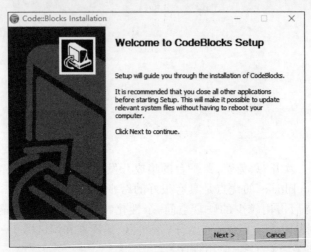

图 1-1-2　开始安装

再单击 Next 按钮,可以进入图 1-1-3 所示界面。

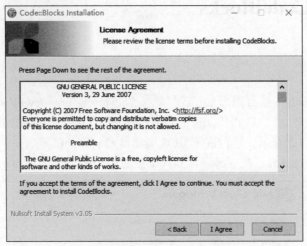

图 1-1-3　协议

单击 I Agree 按钮,进入图 1-1-4 所示界面。

选择全部安装(Full:All plugins, all tools, just everything),见图 1-1-4,再单击 Next 按钮,进入一个新界面,如图 1-1-5 界面。

单击 Browse 按钮选好安装路径(默认安装路径为 C:\Program Files\CodeBlocks),单击 Install 按钮,可以看到安装过程正在进行,并弹出一个对话框,见图 1-1-6。

单击"否"按钮,则对话框关闭,见图 1-1-7。

单击 Next 按钮,进入图 1-1-8 所示界面。

最后,单击 Finish 按钮,则安装过程就完成了。

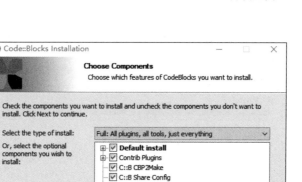

图 1-1-4　组件选择

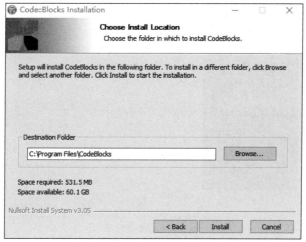

图 1-1-5　安装路径

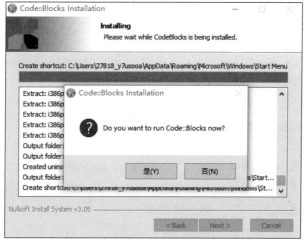

图 1-1-6　开始安装

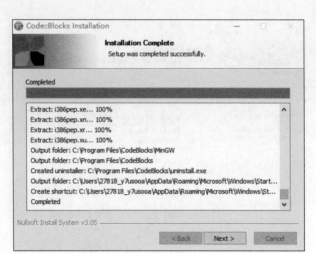

图 1-1-7　安装过程

图 1-1-8　安装完成

1.3　CodeBlocks 开发环境配置

安装完成后,就可以启动 CodeBlocks。当第一次启动 CodeBlocks 时,需要配置一些参数,如默认编译器和编码方式,可按照向导的提示进行配置。

1.3.1　启动 CodeBlocks

在已安装 CodeBlocks 的计算机上,可以直接从桌面双击 CodeBlocks 图标,进入 CodeBlocks IDE,或者从"开始"菜单中,选择 CodeBlocks 中的 CodeBlocks 菜单选项,进入 CodeBlocks IDE(集成开发环境)。第一次启动 CodeBlocks,可能会出现对话框,告诉用户已自动检测到 GNU GCC Compiler 编译器,单击对话框右侧的 Set as default 按钮,然后再单击 OK 按钮,接下来会进入 CodeBlocks 主界面,如图 1-1-9 所示。

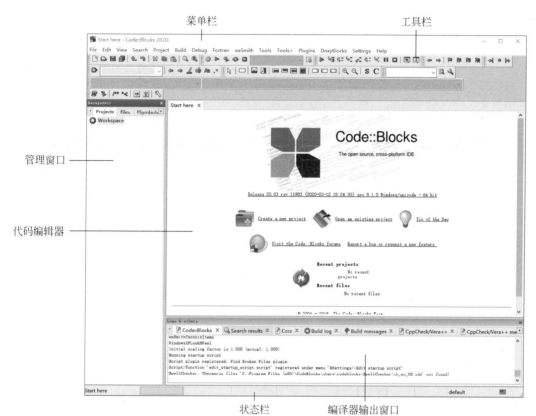

图 1-1-9　CodeBlocks 主界面

CodeBlocks 顶部是一个标准菜单栏,包括文件(File)、编辑(Edit)、视图(View)、构建(Build)、调试(Debug)等菜单,通过这些菜单可以执行各种操作,如创建新项目、打开文件、保存文件、编译代码、调试程序等。

在菜单栏下面通常有一个工具栏,包含了常用的快捷操作按钮,如新建文件、打开文件、保存文件、编译程序、运行程序、调试等。

管理窗口位于左侧,包括 Projects 视图、Files 视图、FSymbols 视图,以及其他视图。Projects 视图显示当前 CodeBlocks 打开的所有项目,Files 视图显示当前项目的文件和目录结构,FSymbols 视图显示项目中的标识符:类、函数、变量等信息。

代码编辑器位于中央部分,这是编写代码的地方。CodeBlocks 的编辑器提供了语法高亮显示、自动缩进、代码折叠等功能,以提高代码的可读性和编写效率。

编译器输出窗口位于底部,这个窗口显示了编译器的输出信息,包括编译错误、警告和构建进度。可以从这里查看和解决代码中的问题。

状态栏位于最底部,显示了文件的绝对路径、光标所在的行与列、当前的插入/改写状态、文件操作的权限等信息。

1.3.2　编辑环境设置

编辑器主要用来编辑程序的源代码,CodeBlocks 内嵌的编辑器界面友好,功能比较完备,操作也很简单。

1. 通用设置

启动 CodeBlocks,选择主菜单 Settings 下的子菜单 Editor,会弹出一个对话框,默认为通用设置(General settings)栏目,如图 1-1-10 所示。

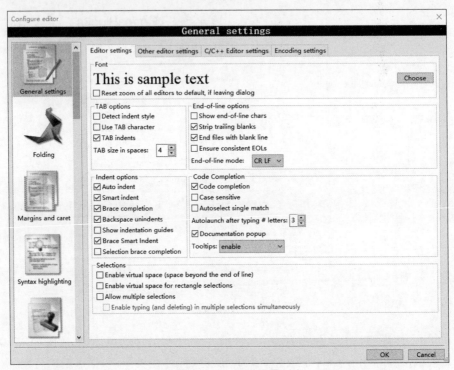

图 1-1-10　通用设置

进行字体设置可单击右上角的 Choose 按钮,会弹出一个对话框,如图 1-1-11 所示。对话框主要有 3 个竖向栏目。左侧的栏目用来选择字体类型,中间栏目设置字形,最右边的栏目是文字大小,可根据个人习惯和显示器大小进行选择。然后单击"确定"按钮,当字体参数设置完毕,进入上一级对话框 General settings,再单击 OK 按钮,则 General settings 设置完毕,回到 CodeBlocks 主界面。

2. 编程界面背景颜色设置

选择主菜单 Settings 下的子菜单 Editor,会弹出一个对话框,默认为通用设置(General settings)栏目,这里选择第 4 项 Syntax highlighting 选项,如图 1-1-12 所示,选中之后,右侧就会出现对应的设置界面,可设置前景颜色和背景颜色。

3. 编译器设置

在主菜单 Settings 下拉菜单中选择 Compiler,打开如图 1-1-13 所示窗口,进行编译器的选择。CodeBlocks 支持多种编译器,默认编译器 GNU GCC Compiler,当然,也可以选择其他编译器,只不过需要事先安装好相对应的编译器。

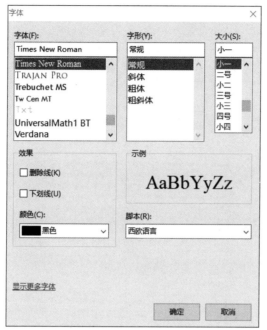

图 1-1-11　字体设置

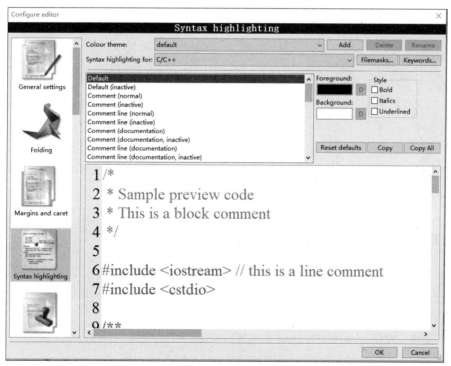

图 1-1-12　背景颜色设置

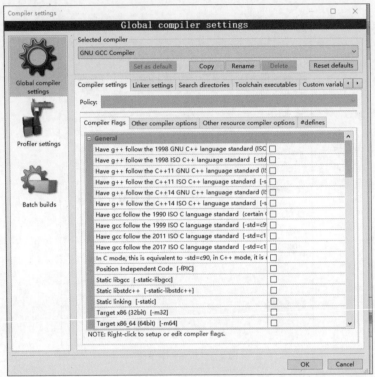

图 1-1-13　编译器设置

1.4　编写程序

在本节中,将使用 CodeBlocks 编写两个简单的程序。程序的要求和目标如下:

(1) 编写一个程序实现向屏幕上输出一个字符串"Hello World!",掌握编辑、编译、运行一个 C 程序的方法。

(2) 用键盘输入两个数,计算并输出这两个数的和。通过对该程序的修改运行,初步掌握 CodeBlocks 中简单编译错误的修改方法。

1.4.1　编写第一个 C 语言程序

编辑、编译和运行 C 语言程序的过程主要包括以下 4 个步骤。

(1) 编辑:将程序代码输入 C 程序源文件(.c 文件)中;

(2) 编译:将源文件编译成目标程序文件(.obj 文件);

(3) 链接:将目标文件和其他相关文件链接成可执行文件(.exe 文件);

(4) 运行:运行可执行文件。

上述 4 个步骤中,第一步的编辑工作是最繁杂的,必须由编程人员在编辑器中逐步编写完成,其余几个步骤则相对简单,基本上由集成开发环境自动完成。

创建 C 语言项目的具体步骤如下。

启动 CodeBlocks 应用软件,在如图 1-1-14 所示的编译器自动检测窗口中选择 GNU GCC Compiler,GCC 是一种能应用到许多操作系统上的编译器,这里用它编译 C 语言,单击 OK 按钮。

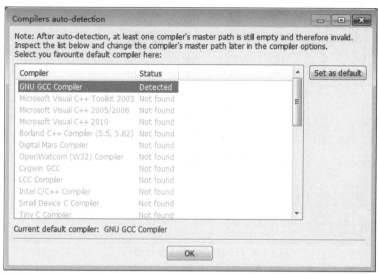

图 1-1-14　编译器自动检测窗口

在如图 1-1-15 所示的 CodeBlocks 应用程序界面中,选择 File→New→Project 选项。

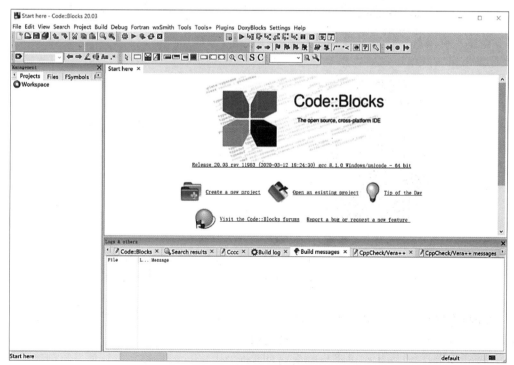

图 1-1-15　CodeBlocks 应用程序界面

弹出如图 1-1-16 所示的 New from template 模板选择对话框,选择 Console application,单击 Go 按钮继续。

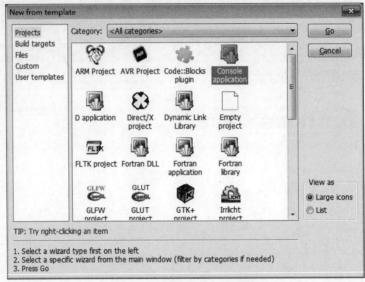

图 1-1-16　模板选择对话框

在弹出的如图 1-1-17 所示的 Console application 语言选择对话框中选择 C 语言,单击 Next 按钮继续。

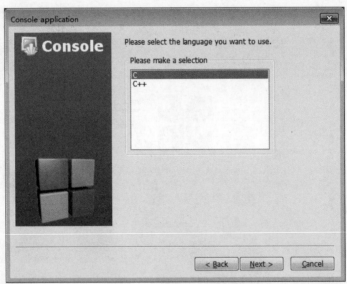

图 1-1-17　语言选择对话框

在弹出的如图 1-1-18 所示的 Console application 项目设置对话框中设定项目名称为 hello,项目存放的目录为"d:",单击 Next 按钮继续。

单击如图 1-1-19 所示的编译环境设置对话框中的 Finish 按钮完成新项目的创建工作。

在如图 1-1-20 所示的新项目编辑环境中,双击左侧管理器中的 Sources 选项,显示系统已经生成了一个 main.c 文件,双击打开此文件。

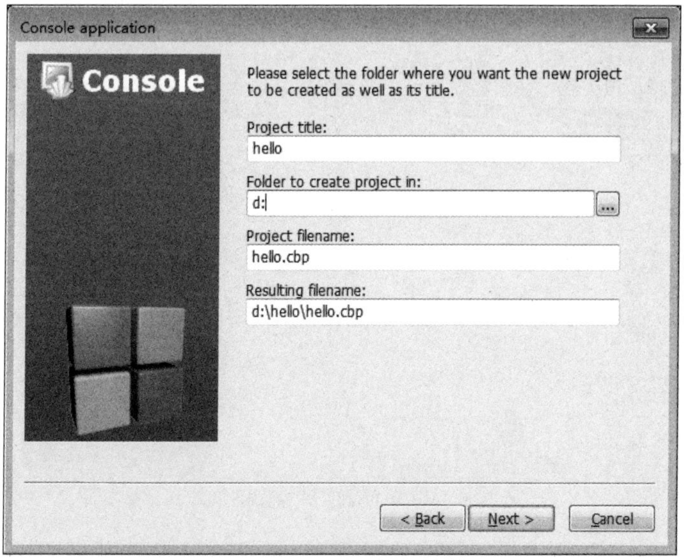

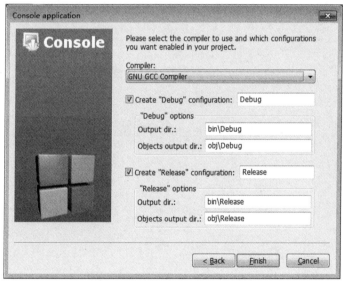

图 1-1-18　项目设置对话框

图 1-1-19　编译环境设置对话框

在右侧系统已生成如下程序代码,具体如下。

```c
#include<stdio.h>
#include<stdlib.h>

int main()
{
    printf("Hello World!\n");
    return 0;
}
```

界面如图 1-1-21 所示。

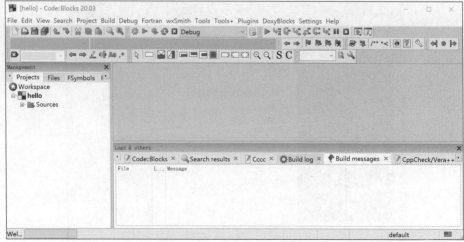

图 1-1-20　新项目编辑环境

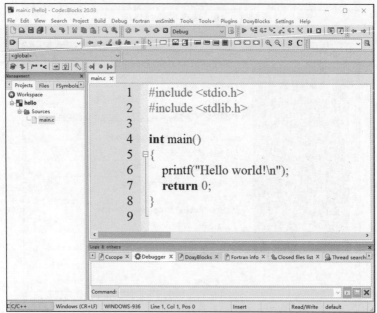

图 1-1-21　编辑 main.c 源文件

先选择 Build 菜单下的 Compile current file 选项进行程序编译,编译通过后,再选择 Build and run 选项构建并运行程序,显示如图 1-1-22 所示的程序运行结果: 在控制台窗口中显示字符串"Hello world!"。

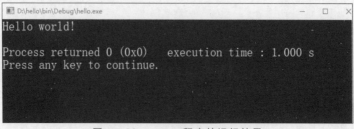

图 1-1-22　main.c 程序的运行结果

按下任意一个键盘按键后此控制台界面关闭。

1.4.2　编写并调试程序

1. 编写加法程序：输入两个整数，输出它们的和

在开始编写第二个程序时，应先关闭第一个工程，再重新建立新的空工程，创建新的 C 语言源文件，工程的名称为 add。

编写加法程序，程序代码如下。

```c
#include<stdio.h>
int main()
{
    int a,b,c;
    scanf("%d%d",&a,&b);
    c=a+b;
    printf("%d\n",c);
    return 0;
}
```

源程序编辑界面如图 1-1-23 所示。

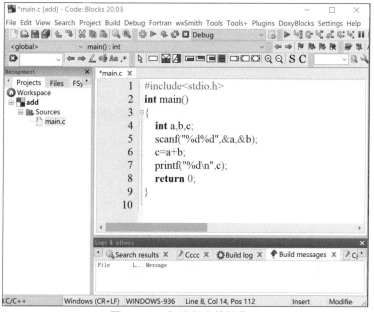

图 1-1-23　加法程序的源代码

创建并运行程序，在程序运行窗口中输入 3^5(^号表示空格，后同)后按回车键，运行结果如图 1-1-24 所示。

另一种输入方式是输入 3，之后按回车键，然后再输入 5，按回车键后也能得到正确的结果。可输入"3,5"，看一下程序的运行结果。

提示：如果在编写第二个程序时，没有关闭原来的工程而直接创建新的 C 语言源文件，程序编译运行的就可能是原来的程序,而不是新创建的源程序。

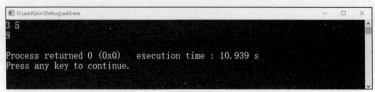

图 1-1-24　加法程序的运行结果

2. 熟悉简单的程序编译错误

在程序运行正确的基础上,删除"scanf("%d%d",&a,&b);"语句以及"c=a+b;"语句后面的分号,重新编译程序,这时会出现编译错误。在编译器的输出窗口提示有编译错误,如图 1-1-25 所示。

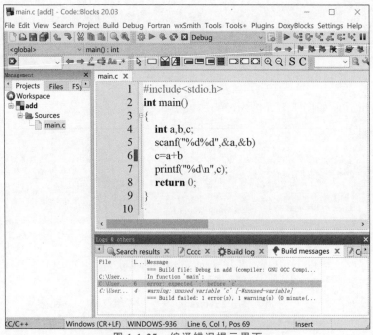

图 1-1-25　编译错误提示界面

在源程序的第 6 行出现红色方块标记,在下面的 Build messages 中提示信息为"error: expected ';' before 'c'"。因为在源程序中可任意输入空格和回车符,因此在标识符 c 前面添加分号实际上就是在 scanf 语句后添加分号。

需要注意的是,除非是像本例这样明确可知下一条语句后也应添加分号的情况下,可一次修改若干错误,通常情况下,改正第一条错误后就应该重新编译程序。有时候后面的错误是由于前面的错误引起的,改正了前面语句的错误后,后面的错误也就自动消失了。

在源程序的第 4 行也有一行提示信息,这条信息以 warning 开始,表明这是一条警示信息,不进行处理也不会影响程序的运行结果。

在程序正确的情况下,可分别修改下面语句,熟悉简单的编译错误提示信息。

① 将语句"int a,b,c;"中的 c 去掉;

② 将 scanf 修改为 scamf；

③ 将 scanf 语句中变量 a、b 前的 & 符号去掉；

④ 将 scanf 语句中的右引号去掉；

⑤ 在 printf 语句中的 c 前加上符号 &。

上面有一些错误是编译错误，有一些是逻辑错误，即运行时得不到正确的结果。

3. 调试程序

编译的过程只能发现程序中的语法错误，如果编译未发现语法错误，但最后生成的可执行程序也没有得到程序设计要求的运行结果，那么这种情况，说明程序存在设计上有错误，通常称为逻辑设计错误或者缺陷(bug)。调试(debug)程序是查找此类逻辑设计错误方法中最常采用的动态方法。调试的基本原理就是在程序运行过程的某一阶段观测程序的状态。在一般情况下程序是连续运行的，所以必须使程序在某一点停下来。首先，所做的第一项工作就是设立断点；其次，再运行程序，当程序在断点设立处停下来时，再利用各种工具观测程序的状态。程序在断点停下来后，有时需要按用户要求控制程序的运行，以便进一步观测程序的流向。

首次使用调试功能需要先进行调试器的配置，然后才能正常调试程序。配置调试器的方法较简单，打开 CodeBlocks，在 Settings 菜单下选择 Debugger 选项，弹出如图 1-1-26 所示的窗口，选择 Default 后单击 Executable path 选项后面的"…"按钮，在弹出的窗口中，找到 CodeBlocks 的存储位置，然后进入/MinGw/bin/找到 gdb32.exe，如本例位置为"C:\Program Files\CodeBlocks\MINGW\bin\gdb32.exe"，最后单击 OK 按钮，调试器就配置成功了。此外，CodeBlocks 提供了多个调试按钮，常用的有以下几个。

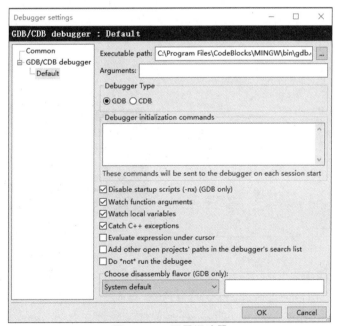

图 1-1-26　配置调试器

Debug/Continue：启动调试；

Run to cursor：令编译器执行到下一个断点处暂停执行；

Next line：令编译器执行一行代码；

Step into：对于调用自定义函数的语句，此按钮可以进入函数的内部，一步一步执行函数内部的代码；

Step out：令编译器执行完当前函数后暂停执行；

Stop debugger：结束调试。

（1）设置断点。

所谓断点（BreakPoint），可以简单地理解成障碍物，汽车遇到障碍物不能通行，程序遇到断点就会暂停执行。CodeBlocks 设置断点的方法非常简单，想让编译器运行到哪行代码处暂停，就在该代码左侧的行号附近右击，在弹出的快捷菜单中，选择 Add breakpoint 命令，如图 1-1-27 所示。为了演示调试程序的效果，这里将第 7 条语句中变量 c 前面多加了 &。设置断点的另一种方法是先单击要设置断点所在代码行，然后选择 Debug 下拉菜单中的 Toggle breakpoint 选项设置断点。

```
1   #include <stdio.h>
2   int main()
3   {
4       int a,b,c;
5       scanf("%d%d",&a,&b);
6       c=a+b;
7       printf("%d\n",&c);
8       return 0;
9   }
10
```

图 1-1-27　添加的断点

（2）控制程序运行。

当设置完断点后，程序就可以进入 Debug 状态，并按要求来控制程序的运行，其中有 4 条命令：Step Over、Step Into、Step Out 和 Run to Cursor。可以通过单击工具栏按钮或使用快捷键来控制程序运行。

接下来，选择 Debug 菜单下面的 Start/Continue 选项，编译器从头开始执行程序，一直到第 6 行代码处暂停，弹出输入对话框，输入 3，按回车键后输入 4，将进入如图 1-1-28 所示对话框，选择 Debug 菜单下的 Next line 选项，或者单击调试工具栏上 ⬛ 按钮（也可按快捷键 F7），执行下一条语句。

```
1   #include <stdio.h>
2   int main()
3   {
4       int a,b,c;
5       scanf("%d%d",&a,&b);
6       c=a+b;
7       printf("%d\n",&c);
8       return 0;
9   }
10
```

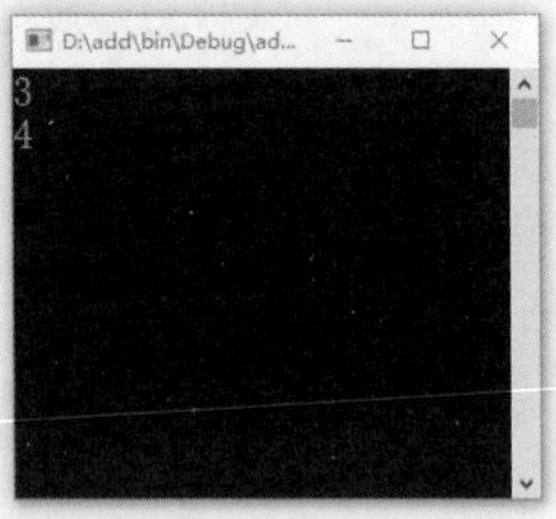

图 1-1-28　开始调试

（3）观察数据变化。

在调试过程中，用户可以通过 Watch 窗口查看当前变量的值。这些信息可以反映程序运行过程中的状态变化以及变化结果的正确与否，同时辅之以人工分析，就可以发现程序是否有错，并找到错误所在。选择 Debug 菜单下的 Debugging windows 的下一级选项 Watches，将会弹出 Watches 窗口，这里可查看到变量 a,b,c 的实时值，如本例执行到第 7 行语句后，变量的实时值分别为 3,4,7，如图 1-1-29 所示。

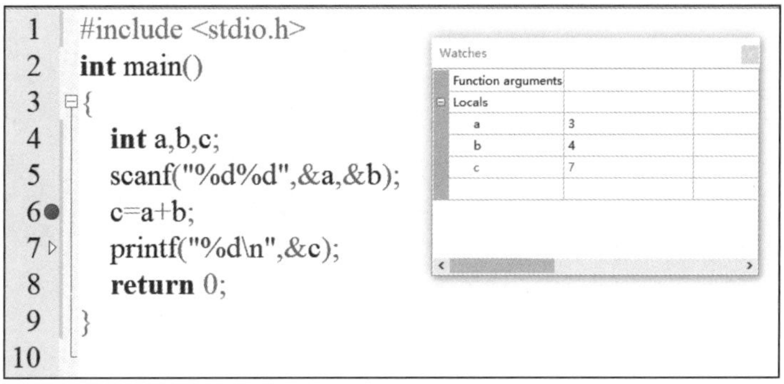

图 1-1-29　查看变量值

继续选择 Next line 选项，执行下一条语句，第 7 条语句执行后，发现程序的输出结果界面如图 1-1-30 所示，输出结果有错，不是变量 c 的正确值。因此，可定位到该条语句进行排查错误，发现多了一个 &，将其去掉，程序错误被修正。

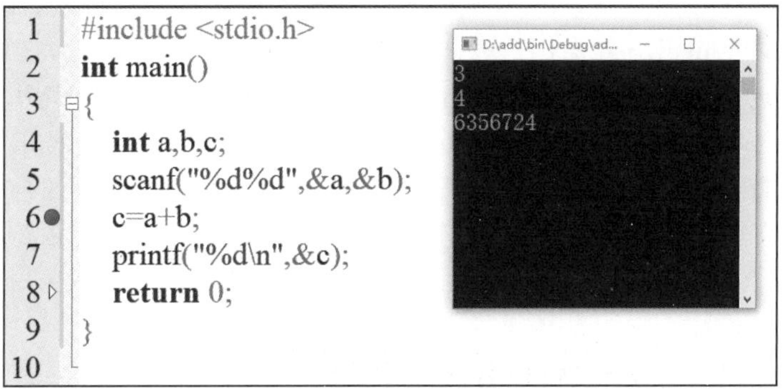

图 1-1-30　程序错误的输出结果

（4）结束调试。

当找到了程序的错误，就没有必要再继续调试下去，这时可以选择 Debug 菜单下的 Stop Debugger 选项结束程序调试。结束调试后，在已设置断点的程序代码左侧的行号附近单击，就可以取消断点，即使不取消也不影响程序的正常运行。

开发工具 2 Visual Studio Code 开发环境

2.1 概述

Visual Studio Code(简称为 VSCode)是由微软公司开发、面向广大程序员,同时支持 Windows、Linux 和 macOS 等操作系统且开放源代码的程序开发环境,它是一个基本完整的开发工具集,包括了整个软件生命周期中所需要的大部分工具,如 UML 工具、代码管控工具、集成开发环境(IDE)等。Visual Studio Code 不仅具有完备的代码开发、调试、管理功能,还专门就提高编程速度方面进行了一系列调整、优化,这其中,强大的自动补全功能以及各种功能人性化的快捷键,对提升编程速度,改善编程体验起到了至关重要的作用。

2.2 安装 Visual Studio Code

2.2.1 下载

在 Visual Studio Code 官方网页提供了软件资源的下载,在如图 1-2-1 所示的界面选择系统对应的下载链接进行资源下载。打开官方下载页面,单击右上角 Download 按钮。

图 1-2-1 官方下载界面

根据计算机配置,选择相应的安装包进行下载,如图 1-2-2 所示。

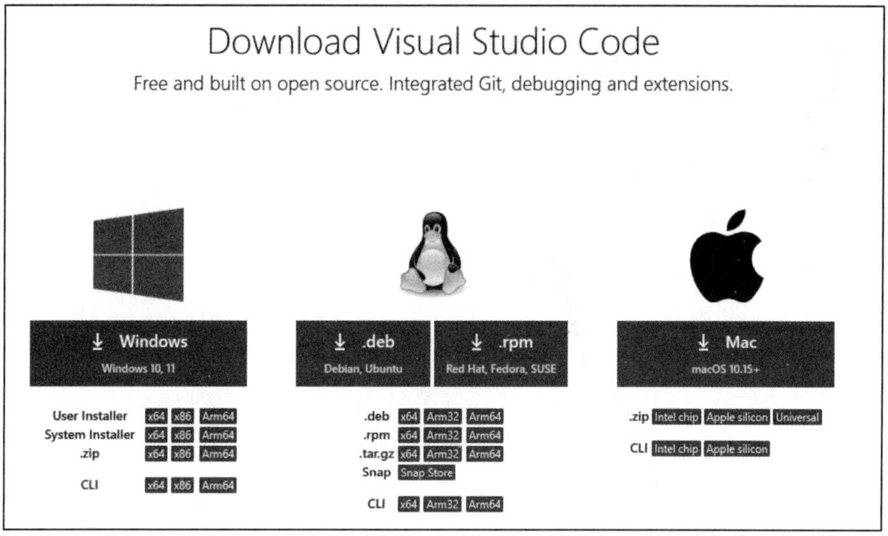

图 1-2-2　官方下载界面

2.2.2　安装

在安装过程中,按照安装命令进行安装即可。

选中"我同意此协议"单选按钮,单击"下一步"按钮,如图 1-2-3 所示。

图 1-2-3　同意协议界面

选择安装位置,单击"浏览"按钮按需选择要设置的安装路径,然后单击"下一步"按钮即可,如图 1-2-4 所示。

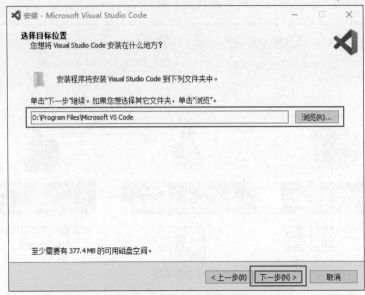

图 1-2-4　安装路径选择界面

选择开始菜单文件夹,如需修改,请单击"浏览"按钮进行设置,无须修改直接单击"下一步"按钮即可,如图 1-2-5 所示。

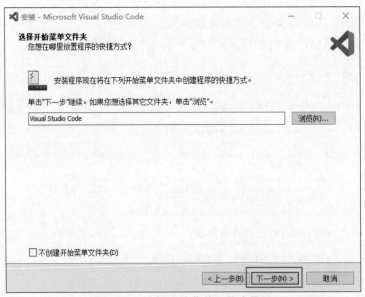

图 1-2-5　选择开始菜单文件夹界面

按需选择需要的安装项后单击"下一步"按钮,然后确认前面的设置是否有误,无误则单击"安装"按钮即可。

如果看到图 1-2-6 所示界面,说明 Visual Studio Code 安装完成。

需要注意两点:①为了后期稳定,选择安装位置时切勿使用中文路径。②选择安装项时,可以按需选择需要的安装项,建议将其他选项中的所有复选框都勾选上,特别是"添加到 PATH"复选框一定要勾选。

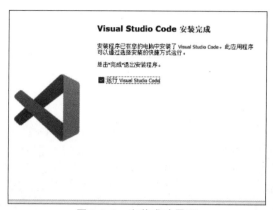

图 1-2-6　安装成功界面

2.3　Visual Studio Code 开发环境配置

安装完成后，就可以启动 Visual Studio Code。当第一次启动 Visual Studio Code 时，需要配置一些参数，如默认编译器和编码方式，可按照向导的提示进行配置。

2.3.1　启动 Visual Studio Code

在已安装 Visual Studio Code 的计算机上，可以直接从桌面双击 Visual Studio Code 图标，进入 Visual Studio Code，或者从"开始"菜单，选择 Visual Studio Code 菜单项进入。Visual Studio Code 主界面如图 1-2-7 所示。

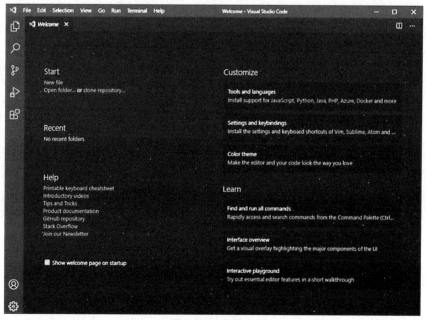

图 1-2-7　主界面

　　此时安装的 Visual Studio Code 是英文界面,可以安装一个插件来对 Visual Studio Code 进行汉化处理,过程如下。

　　将光标置于软件界面任意位置,然后同时按下 Fn＋F1 组合键(有些计算机按 F1 键即可),出现如图 1-2-8 所示内容,向下找到 Configure Display Language,选择 Install additional languages。

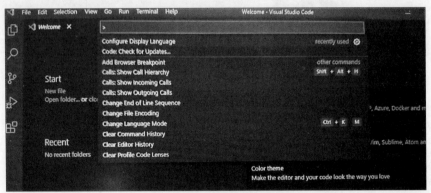

图 1-2-8　语言选择界面

　　选择"中文简体",单击 Install 按钮,然后右下角会出现一个提示框,单击 Restart now 按钮重启软件,再打开就是中文界面了,如图 1-2-9 所示。

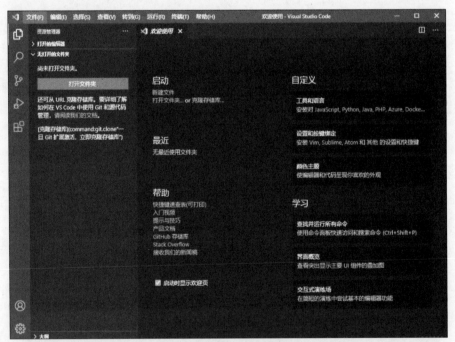

图 1-2-9　汉化后的界面

2.3.2　编辑环境设置

　　打开活动栏的 Visual Studio Code 设置,在常用设置中可以设置字体大小、字体系列、是否自动保存等常用的设置项目,此处按需选择设置即可,如图 1-2-10 所示。

图 1-2-10　常用设置界面

2.4　编写程序

本实验旨在帮助学生熟悉使用 Visual Studio Code 进行 C 语言程序设计,掌握基本的编码和调试技巧。在本实验中,将使用 Visual Studio Code 编写两个简单的程序。程序的要求和目标如下。

(1) 编写一个程序实现向屏幕上输出一个字符串"Hello World!",掌握编辑、编译、运行一个 C 语言程序的方法。

(2) 用键盘输入两个数,计算并输出这两个数的和。通过对该程序的修改运行,初步掌握 Visual Studio Code 中简单的编译错误的修改方法。

2.4.1　编写第一个 C 语言程序

编辑、编译和运行 C 语言程序的过程的主要步骤与 1.4.1 节所述相同。

这里,首先创建一个文件夹用于存放本次实验的所有项目文件。可以在任意位置创建文件夹,命名为 CIntroLab,如图 1-2-11 所示。

在 Visual Studio Code 中,选择"文件"→"打开文件夹"命令,然后选择刚刚创建的 CIntroLab 文件夹,单击"选择文件夹"按钮,如图 1-2-12 所示。

在 Visual Studio Code 中,选择"文件"→"新建文件"命令,将文件命名为"HelloWorld.c",如图 1-2-13 所示。

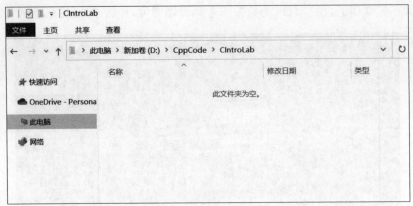

图 1-2-11   创建新文件夹

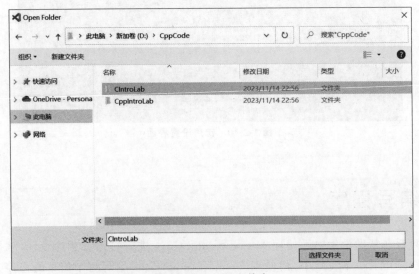

图 1-2-12   打开文件夹

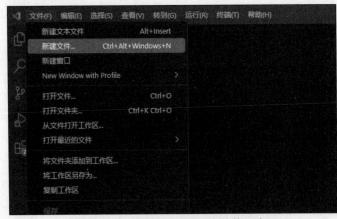

图 1-2-13   创建新 C 语言文件第一步

按回车键,再单击 Create File 按钮创建文件,如图 1-2-14 所示。

在"HelloWorld.c"文件中输入以下代码,代码图如图 1-2-15 所示。

图 1-2-14　创建新 C 语言文件第二步

```c
#include<stdio.h>
int main()
{
    printf("Hello World!\n");
    return 0;
}
```

图 1-2-15　代码图 1

单击顶部菜单栏的"文件"图标,选择"保存"命令保存文件内容。在 Visual Studio Code 的"运行"(Run)菜单中选择 Run Without Debugging 命令,将在终端中看到输出结果 "Hello,World!",如图 1-2-16 所示。

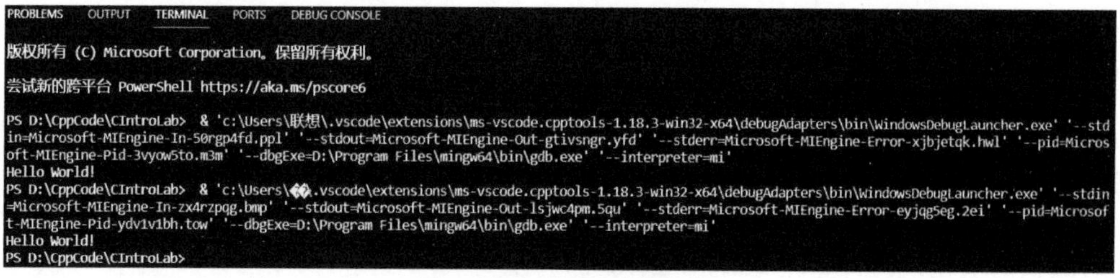

图 1-2-16　代码运行结果

2.4.2 编写并调试程序

1. 编写加法程序：输入两个整数，输出它们的和

在 CIntroLab 文件夹中，创建一个新的 C 语言文件，命名为 Addition.c。在 Addition.c 文件中输入以下代码，代码图如图 1-2-17 所示。

```c
#include<stdio.h>
int main()
{
    int a,b,c;
    scanf("%d%d",&a,&b);
    c=a+b;
    printf("%d\n",c);
    return 0;
}
```

图 1-2-17　代码图 2

保存文件后，在 Visual Studio Code 的"运行"（Run）菜单中，选择 Run Without Debugging 编译并运行程序。在终端中输入 3，按回车键，再输入 5，按回车键，可以看到输出结果为 8。

提示：如果在编写第二个程序时，没有关闭原来的工程而直接创建新的 C 语言源文件，程序编译、运行的就可能是原来的程序，而不是新创建的源程序。

2. 熟悉简单的程序编译错误

在程序运行正确的基础上，删除"c＝a＋b;"语句后面的分号，重新编译程序，这时会出现编译错误，如图 1-2-18(a)所示。

根据错误提示信息"expected ';' before 'c'"，仔细查看可以发现，实际问题是该行末尾缺少一个分号。修改后再次编译，就能编译成功。

在程序运行正确的基础上，删除"scanf("%d%d",&a,&b);"括号内的双引号，重新编译程序，这时会出现编译错误，如图 1-2-18(b)所示。

(a)　　　　　　　　　　　　　　　　(b)

图 1-2-18　删除分号之后报错

根据错误提示信息"expected expression before '%' token",仔细查看即可发现,待输出的字符串最后缺失了一个双引号。修改后再次编译就会成功。

编程不细心就可能犯各种编辑错误,出现大量错误信息时也不要慌张,集中注意力解决第一个错误,常常可以消除一批出错信息。

常见的错误如下。

① ♯include 误写成 include;

② scanf 误写成 scan;

③ scanf 的括号内忘记写 & 或%;

④ void main()忘记加();

⑤ {}不两两匹配。

3. 常见环境问题解决方案

问题 1:核心窗体不小心关闭了。

如果意外关闭了某个窗口(如终端、编辑器等),可以通过"查看"(View)菜单,然后选择相应的菜单选项即可。如在菜单中选择"终端"(Terminal)即可打开终端窗口。

问题 2:改写模式。

如果编辑器进入了改写模式,即无法正常插入或删除字符,可能是意外按下了键盘上的 Insert 键。可以通过再次按下 Insert 键来切换回正常编辑模式。

4. 调试程序

即使源程序没有语法错误,但最后生成的可执行程序也没有像程序设计要求的那样运行,这类程序设计上的错误被称为逻辑设计错误或缺陷。对此类问题需要采取程序调试的方法进行解决。程序调试是将编写的程序投入实际运行前,用手工或编译程序等方法进行测试,修正语法错误和逻辑错误。这是保证计算机信息系统正确性的必不可少的步骤。测试时程序运行错误,无法根据提示的错误信息准确定位错误原因及错误位置。根据测试时所发现的错误信息和利用调试工具追踪的提示信息,两者相互结合,综合判断错误发生的原因和位置,从而改正程序。

当程序遇到缺陷(bug),可以用单步调试来定位错误,Visual Studio Code 支持添加断点,添加监视,显示光标指向变量的值,调试控制台查询变量值等操作。

在要进行单步调试时,需要单击代码行左侧行号,从而在代码左侧单击产生一个红色的断点,如图 1-2-19 所示,然后按 F5 键运行。

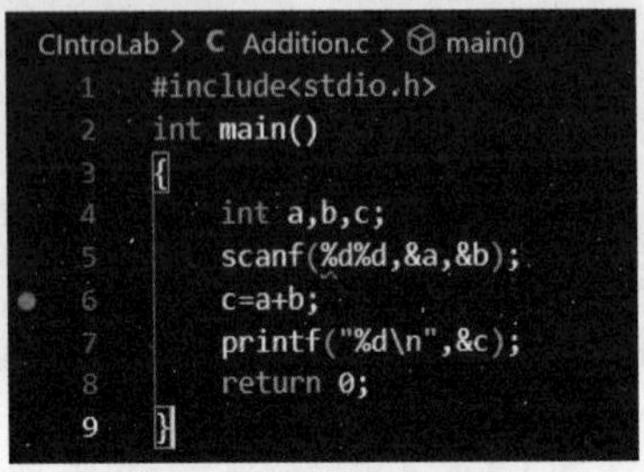

图 1-2-19　设置断点

在左侧可以看到相应变量的变化。终端下方一长串的蓝字代表 Visual Studio Code 启动了有调试器介入的程序执行(区别于在终端中仅输入目标程序路径的直接执行),如图 1-2-20 所示。在这里输入内容跟正常执行时是一样的。

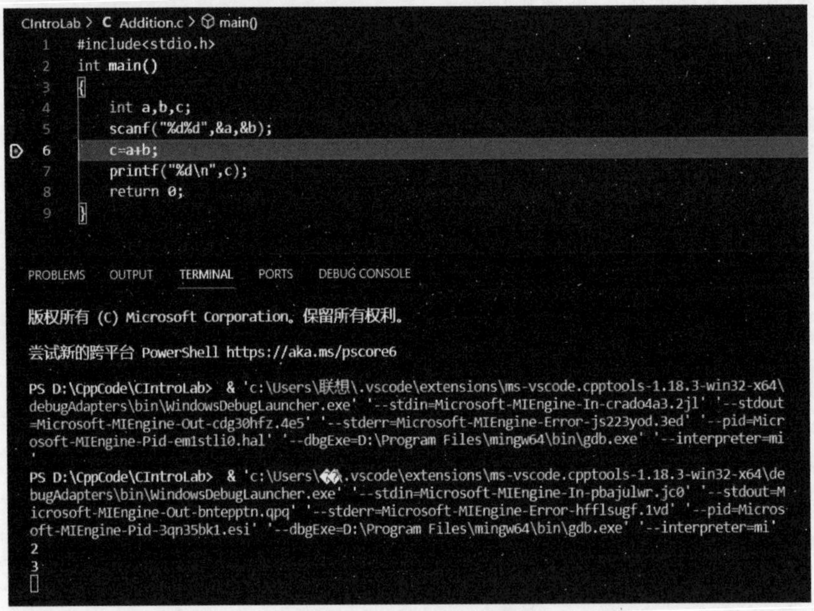

图 1-2-20　断点运行结果

当通过调试找到了程序的错误后,就没有必要再继续调试下去,这时可以选择 Debug 菜单下的 Stop Debugger 结束程序调试。结束调试后,在已设置断点的程序代码左侧的行号附近单击,就可以取消断点,即使不取消也不影响程序的正常运行。

第 2 部分

实 验 指 导

实验 1　熟悉实验环境

本书实验部分使用 CodeBlocks 开发工具讲解，如使用 Visual Studio Code 开发工具，请参照其开发工具介绍完成实验。

1.1　实验目的

(1) 熟悉 C 语言运行环境，了解和使用 CodeBlocks 集成开发环境；
(2) 熟悉 CodeBlocks 环境的功能键和常用的功能菜单命令；
(3) 掌握 C 语言程序的书写格式和 C 语言程序的结构；
(4) 掌握 C 语言上机步骤，以及编辑、编译和运行一个 C 程序的方法；
(5) 掌握 CodeBlocks 环境下简单编译错误的修改方法。

1.2　实验指导

在本实验中，将使用 CodeBlocks 编写两个简单的程序。程序的要求和目标如下。

(1) 编写一个程序，实现向屏幕上输出一个字符串"Hello World!"，掌握编辑、编译、运行一个 C 程序的方法；

(2) 用键盘输入两个数，计算并输出这两个数的和。通过对该程序的修改、运行，初步掌握 CodeBlocks 中 C 语言程序的运行和调试方法。

1. 编写第一个 C 语言程序。

参考本书第一部分 1.4.1 节，编写"Hello World!"程序。主要步骤和注意事项如下：

(1) 创建 C 语言项目文件；
(2) 创建扩展名为 c 的 C 语言源文件；
(3) 在 main 函数中编写程序，注意输入程序代码时，输入法一定处于英文输入状态；
(4) 编译运行文件，改正程序代码中的各种错误。

2. 编写加法程序，了解常见的程序编译错误提示信息。

参考本书第一部分 1.4.2 节，编写求两个整数的和的加法程序。

注意，在开始编写第二个程序时，应建立新的项目文件。如果在编写第二个程序时，没有关闭原来的项目而直接创建新的 C 语言项目文件，程序编译运行的就可能是原来的源程序，而不是新创建的源程序。关闭某个项目的方法，就是在左侧的项目列表中，选择要关闭的项目名,右击,在弹出的菜单中选择 Close project 选项即可。

完成本任务要求的程序之后,进行下面的操作。

(1) 修改程序,熟悉各种常见的语法错误及错误提示信息;

(2) 学习简单的程序调试,可帮助发现和解决逻辑运行错误;

(3) 修改程序,计算两个实数的和。

1.3   实验内容

1. 按实验指导中步骤编辑、编译、运行第一个"Hello World!"程序。

2. 按实验指导中步骤编辑、编译、运行 add 程序。

3. 编写一个程序,输入 a、b、c 三个整数,输出它们的和与平均数。

4. 求线性函数的值:定义一个线性函数($y=kx+b$)的系数 k 和 b,要求 k、b、x 的值均为实数,从键盘读取这两个系数,并输入任意 x 的值,输出对应的 y 值。

实验 2　简单程序设计

2.1　实验目的

（1）掌握 C 语言数据类型，熟悉如何定义整型、字符型和实数类型的变量，以及不同的数据类型的常用输入输出方法；

（2）学会使用 C 语言的有关算术运算符，以及用这些运算符编写简单的算术表达式；

（3）能够编写简单的顺序结构程序。

2.2　实验指导

本实验指导中将编写两个程序，程序的要求和目标如下。

（1）编写一个程序计算两个数的乘积和商，熟悉单精度数、双精度数的输入输出，区分整数除法、实数除法的不同，掌握％运算符的用法。

（2）用键盘输入两个小写字母，输出其 ASCII 码值和所对应的大写字母，熟悉字符变量的输入输出，以及理解字符类型与整数类型之间的关系。

1. 编写程序，输入两个数，计算它们的乘积和商。

代码一：

```
#include<stdio.h>
int main()
{
    int a,b,c,d;
    scanf("%d%d",&a,&b);
    c=a*b;
    d=a/b;
    printf("%d,%d\n",c,d);
    return 0;
}
```

编译运行，按下面输入观察程序运行结果。

（1）输入 8^4，输出结果：

（2）输入 9^4，输出结果：

```
36,2
```

（3）输入 8.0^4，输出结果：

```
1717986912,0
```

分析：

当输入 9^4 时，由于变量 a 和 b 都是整数，因此 a/b 的计算结果是整数（商）2，而不是实数 2.25；scanf 语句中的%d 代表输入一个整数，因为输入的是一个实数 8.0，因此输入语句获得的是意外的数值（注意，此数值在不同的机器上可能会有所不同），计算结果自然也就是错误的结果了。

在进行整数除法时，可以使用%运算符获得余数，将语句"d＝a/b;"改为"d＝a%b;"，重新编译运行程序，观察 d 的输出结果。

如果想支持实数类型数据的输入，可以使用 float 数据类型或者 double 数据类型。使用 float 时，在输入输出语句中将代码中的%d 对应地改为%f（表示精度为小数点后有效位数为 6 位小数）；而在使用 double 类型时，在输入输出语句中将代码中的%d 对应地改为%lf（表示精度为小数点后有效位数为 15 位小数）。

代码二，用 double 类型重写程序：

```
#include<stdio.h>
int main()
{
    double a,b,c,d;
    scanf("%lf%lf",&a, &b);
    c=a * b;
    d=a/b;
    printf("%lf,%lf\n",c,d);
    return 0;
}
```

（1）输入 8.0^4，输出结果：

```
32.000000,2.000000
```

（2）输入 9^4，输出结果：

```
36.000000,2.250000
```

程序运行正确，但输出结果中显示了较长的有效位数，可以将输出语句"printf("%lf,%lf\n",c,d);"改为"printf("%5.1lf,% 5.1lf\n",c,d);"，重新编译运行程序，输入 9^4，输出结果：

```
^36.0, ^^2.3
```

^符号代表空格。以上输出语句中的格式为%5.1lf,其中 5 表示输出占 5 位空间,1 表示保留 1 位小数,舍去的位数自动按照四舍五入处理。

在编译器中,double 数据类型是默认的实数类型,也就是说,如果不特别说明,实数被自动认为是 double 类型,因此通常采用 double 类型编写涉及实数的程序。请读者使用 float 类型改写此程序,熟悉 float 类型的输入输出。

2. 用键盘输入两个小写字母,输出其 **ASCII** 码值和所对应的大写字母。

程序代码如下:

```c
#include<stdio.h>
int main()
{
    char a,b;
    scanf("%c%c",&a,&b);
    printf("%d,%c;%d,%c\n",a,a-32,b,b-32);
    return 0;
}
```

编译运行,按下面输入观察程序运行结果。

(1) 输入 ad,输出结果:

```
97,A;100,D
```

(2) 输入 a^d,输出结果:

```
97,A;32, ^
```

分析:

小写字母 a 的 ASCII 码值是 97,d 的 ASCII 码值是 100,而大、小写字母在 ASCII 码表中差值为 32,因此(1)的输出结果正确;在(2)中,变量 b 中得到的是空格,其 ASCII 码值是 32,因此产生这样的输出结果。

在 C 语言中,也经常使用 getchar()函数获得字符,使用 putchar()函数输出字符,特别是需要获得回车字符时无法使用 scanf()函数输入。下面是使用这两个函数改写的程序。

```c
#include<stdio.h>
int main()
{
    char a,b;
    a=getchar();
    b=getchar();
    printf("%d,",a);
    putchar(a-32);
    putchar('\n');
    printf("%d,",b);
    putchar(b-32);
    putchar('\n');
    return 0;
}
```

注意,putchar()函数直接使用字符时要用单引号,双引号表示字符串。

3. 在屏幕上输出下面图形。

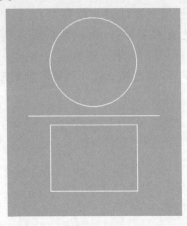

首先按附录 B 所指导的方式配置图形支持环境,然后编写下面的程序。

建立 C++ 工程,main.cpp 中程序代码如下。

```cpp
#include<graphics.h>
int main()
{
    initgraph(600, 600);

    setcolor(YELLOW);
    setbkcolor(GREEN);

    circle(300,180,100);
    line(150,300,450,300);
    rectangle(200,320,400,470);

    getch();
    closegraph();
    return 0;
}
```

分析:

图形输出都要先创建图形显示窗体。注意,这与操作系统相关,本部分内容只能在 Windows 操作系统下运行;然后设置绘图颜色和画布颜色;接着调用合适的函数输出图形;程序完成后等待用户输入任意字符(getch()函数与 getchar()函数功能相似),关闭图形窗体。

2.3　实验内容

1. 输入一个小写字母,输出该字母在字母表中的位置。例如,输入字母 a,则输出 1;输入字母 x,则输出 24。

2. 字母加密。输入一个小写字母,将其替换为其后的第 4 个字母,如到达字母表末尾
(字母 z),则其下一个字母是字母 a。例如,输入字母 a,则输出字母 e;输入字母 x,则输出字
母 b。提示:可以先计算应输出字母的位置值(0~25),然后输出该位置的字母。

3. 有些国家用华氏度表示温度,华氏温度用字母 F 表示。摄氏温度(C)和华氏温度
(F)之间的换算关系为 $F=9/5C+32$ 或 $C=5/9(F-32)$。编写程序,输入华氏温度(F),
输出摄氏温度(C)。

4. 输入两个点的坐标 $x1$、$y1$ 和 $x2$、$y2$,输出这两个点之间的欧式距离。

5. 编写程序,假设今天是周二,计算并输出其后的第 n 天是周几。输入 n,输出数字
0~6 代表周几,其中 0 代表周日。

6. 编写程序,把 1000 分钟换算成用小时和分钟表示,然后输出。

7. 输入一个实数,四舍五入保留两位小数后输出。注意,要先进行四舍五入,然后输
出,不是仅在输出时保留两位小数。

8. 编写程序,读入 3 个实数,求出它们的平均值并保留此平均值小数点后一位数,对小
数点后的第二位数进行四舍五入,最后输出此平均值。

9. 按 3:4:5 的比例在屏幕上输出一个黑边三角形,屏幕背景为白色。

10. 绘制出下面的图案,线的颜色为红色。

实验 3 选择控制结构

3.1 实验目的

（1）学会正确使用逻辑运算符和逻辑表达式；

（2）熟练掌握 if、if…else、if…else if…语句，掌握 if 语句中的嵌套关系和匹配原则，利用 if 语句实现选择结构；

（3）熟练掌握 switch 语句格式及其使用方法，利用 switch 语句实现选择结构。

3.2 实验指导

本实验指导中将编写两个程序，程序的要求和目标如下。

（1）输入三角形的三边长，判断这个三角形是否是直角三角形。熟悉 if 语句的书写格式，掌握交换两个数的算法。

（2）输入年份、月份，输出该月份的天数。熟悉 switch 语句的书写格式，掌握分支结构的嵌套使用。

1. 输入三角形的三边长，判断这个三角形是否是直角三角形。

程序代码如下：

```
#include<stdio.h>
int main()
{
    int a,b,c,temp;
    scanf("%d%d%d",&a,&b,&c);
    if(a<b)
    {
        temp=a;
        a=b;
        b=temp;
    }
    if(a<c)
    {
        temp=a;
        a=c;
```

```
        c=temp;
    }
    if(a*a==b*b+c*c)
        printf("能组成直角三角形\n");
    else
        printf("不能组成直角三角形\n");
    return 0;
}
```

分析：

（1）算法分析：为简单起见，这里不考虑构不成三角形的情况。判断直角三角形采用勾股定理，首先要找出三边中最长的边（斜边），然后判断最长边的平方是否等于其余两边的平方和，若相等就是直角三角形，否则就不是直角三角形。

（2）main()函数有许多种不同的书写形式，最常见的有 3 种：main()、void main()和 int main()，具体含义学习了后面的函数就清楚了，这里采用 int main()的书写形式。

（3）由于三条边在后面的判断中还要使用，因此将最长的边存放在 a 中，第一个 if 语句保证 a 中存放的是 a、b 中的长边，第二个 if 语句在第一个判断的基础上保证 a 中存放的是输入的最长边。

（4）在交换语句中使用了临时变量 temp，如果直接写语句"a=c;"，则变量 a 中的数据直接被变量 c 的值覆盖，变量 a 中的初始值将不复存在，因此需先将 a 中的数据存放在临时变量 temp 中。

（5）在程序书写上，前两个 if 语句后的一对大括号"{}"不能省略，因为符合条件后将执行 3 条语句，必须使用复合语句。最后一个 if 语句省略了"{}"，因为其后只有一条输出语句。

（6）在 if 的条件后面千万不能添加分号";"，否则相当于符合条件后执行一条空语句。

（7）编译程序，直到没有错误，输入下面数据观察程序运行结果：

```
3^4^5<回车>
4^5^6<回车>
```

2. 输入年份、月份，输出该月份的天数。

程序代码如下：

```
#include<stdio.h>
int main()
{
    int year,month,daynum;
    scanf("%d%d",&year,&month);
    switch (month)
    {
        case 2:
            if ((year%4==0&&year%100!=0)||(year%400==0))
                daynum=29;
            else
                daynum=28;
```

```
                    break;
            case 4:
            case 6:
            case 9:
            case 11:
                    daynum=30;
                    break;
            default: /* 这里剩下的是 1,3,5,7,8,10,12 月 */
                    daynum=31;
                    break;
        }
        printf("year=%d,month=%d,daynum=%d\n",year,month,daynum);
        return 0;
}
```

分析：

(1) 算法分析：在 12 个月中，除了 2 月外其他月份的天数是固定的，因此程序的重点在于 2 月份的处理。2 月份的天数会因为闰年而不同，闰年 2 月份有 29 天，平年 2 月份有 28 天。而判断某年是否为闰年的方法是，满足下列两个条件之一的年份即为闰年：①能被 4 整除，但不能被 100 整除；②能被 400 整除。

(2) 使用 switch 语句对多分支情况进行处理结构清晰，但只适合于整数类型（或可看作整数类型的数据，如字符类型）的数据。通常情况下，每个分支都应用 break 语句结束。

(3) 判断是否是闰年的逻辑表达式较长，对这样较复杂的表达式尽量用括号来保证运算的优先级，同时也能提高程序的可读性。

(4) 随着程序复杂程度的提高，良好的程序书写习惯能提高程序的可读性，也更有利于写出正确的程序。如本例中的 if 语句嵌套于 switch 语句之中，语句的缩进既表明了程序的层次，也有利于程序的阅读。

(5) 编译程序，直到没有错误，按下面的输入观察程序运行结果：

```
2016^2<回车>
2017^2<回车>
2017^9<回车>
2017^10<回车>
```

尝试其他的年份、月份，验证程序的正确性。

3. 以相同概率随机在屏幕上显示三张图片中的一张图片。

三张图片位于 C 盘 image 目录下，分别是 10.jpg、20.jpg、30.jpg。

建立 C++ 工程文件，main.cpp 中程序代码如下。

```cpp
#include<graphics.h>
int main()
{
    int a;
    //初始化随机数种子
    randomize();
```

```
//生成 0~2 的随机整数
a=random(3);

initgraph(600, 600);
setbkcolor(WHITE);
//创建图像
PIMAGE pimg = newimage();
//根据 a 的值获取不同的图像
if(a==0)
    getimage(pimg,"c:/image/10.jpg");
else if(a==1)
    getimage(pimg,"c:/image/20.jpg");
else
    getimage(pimg,"c:/image/30.jpg");
//在坐标(10,10)处显示图像
putimage(10, 10, pimg);
//销毁图像
delimage(pimg);

getch();
closegraph();
return 0;
}
```

　　EGE 提供了 3 个函数用于生成随机数,random(n)用于生成 $0\sim n-1$ 的随机整数,randomf()函数用于生成 $0\sim1$ 的小数,包含 0 但不包含 1,randomize()函数用于初始化随机数序列。如果不调用本函数,那么 random()或 randomf()返回的序列将会是确定不变的。

　　要显示一个磁盘上的图片文件,首先要用 newimage()创建图像,然后用 getimage()获取图像,再后用 putimage()显示图像,最后销毁图像。

　　C 语言标准库中也有随机数生成函数 rand(),生成的是无符号 short 类型整数,因其数值范围较小,用起来不是很方便。感兴趣的读者可搜索“C 语言随机数”,查看其使用方式。

3.3　实验内容

　　1. 编写程序,判断输入的 IP 地址是否正确。计算机在因特网上能够被唯一识别,是因为其有唯一的 IP 地址,IPv4 格式的地址由 4 个十进制数构成,数据由句点分隔,每个十进制数的范围都是介于 $0\sim255$。

　　例如,202.118.11.24 为有效 IP 地址;202,118,11,24 或者 202.118.21.259 都是无效的 IP 地址。

　　要求:

　　(1) 输入一个 IPv4 格式的 IP 地址;

　　(2) 如果输入的是有效的 IP 地址,输出 OK;

(3) 如果输入的是无效的 IP 地址,则输出 ERROR。

2. 输入一个整数,判断其是否能被 3 或 11 整除。

要求:

(1) 输入前有提示信息:请输入一个整数。

(2) 如果该数能被 3 或 11 整除,则输出"♯♯能被 3 或 11 整除。"。♯♯代表输入的这个整数。

(3) 否则输出"♯♯不能被 3 或 11 整除。"。

3. 编写符号函数。

要求:

(1) 输入双精度类型实数;

(2) 如果输入的是正数,输出 1;

(3) 如果输入的是负数,输出−1;

(4) 如果输入的是 0,输出 0。

4. 输入一个整数,将其数值按小于 10,10～99,100～999,1000 以上分类并显示。

要求:

(1) 使用 if 语句完成分类;

(2) 输出格式为:如输入 358 时,输出 358 is 100 to 999。

5. 编写计算函数 y 值的程序。

$$y = \begin{cases} (1+x), & x<2 \\ 1+(x-2)^2, & 2 \leqslant x < 4 \\ (x-2)^2+(x-1)^3, & x \geqslant 4 \end{cases}$$

要求:

(1) 使用 if 语句完成程序;

(2) 输出格式为:$x=$ 输入值,$y=$ 计算结果值。

6. 输入三角形三条边的长度 a、b、c,求三角形的面积 S。

(提示:$S=\sqrt{m(m-a)(m-b)(m-c)}$,$m=(a+b+c)/2$,可以使用 sqrt( )函数求平方根,使用该函数需要在程序开头包含 math.h 头文件)

要求:

(1) 三条边定义为双精度类型实数;

(2) 只有这三条边能构成三角形时输出其面积,否则输出错误提示信息;

(3) 不考虑输入的数值包含负数的情况。

7. 变量 a、b、c 为整数,从键盘读入 a、b、c 的值,当 a 为 1 时显示 b 与 c 之和,a 为 2 时显示 b 与 c 之差,a 为 3 时显示 b 与 c 之积,a 为 4 时显示 b/c 之商,其他数值不做任何操作。

要求:

(1) 输入格式为"整数,整数,整数";

(2) 使用 switch 多分支结构完成此程序。

8. 输入一个 5 位的正整数,判定该正整数是否为一个回文数(所谓回文数是指正读和反读都相同的数,如 12321)。

要求：

（1）如果输入的不是 5 位正整数，输出数据错误信息；

（2）输出格式为：如输入的是 12321，输出"12321 是回文数"；如果输入的是 12345，输出"12345 不是回文数"。

9. 可以仿照字符编码方式，对扑克牌进行编码。在玩扑克牌的时候，其实我们并不关心扑克牌上的图片，而只是关注扑克牌的花色和数值。通常情况下，把 A 看作数字 1，J、Q、K 看作数字 11、12 和 13。一副扑克牌有 4 种花色：黑桃、红心、梅花、方块，如果用数字 1 表示黑桃 A，就不能再表示其他花色的 A 了。用数字 0～12 表示黑桃 A、2、3、4、5、6、7、8、9、10、J、Q、K，之所以从 0 开始，是为了方便获取数值，用数字 13～25 表示红心 A～K，用数字 26～38 表示梅花 A～K，用数字 39～51 表示方块 A～K，用数字 52 和 53 表示小王和大王。根据上述编码，用数字 0～51 分别表示出黑桃、红心、梅花、方块四种花色对应的扑克牌，如图 2-3-1 所示。

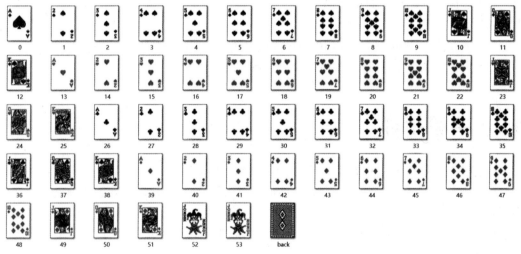

图 2-3-1　扑克牌编码

编写程序，输入不包含大王、小王的一张扑克牌的编码，输出其花色和扑克牌上数值。例如，输入 22，输出"红心 10"，输入 39，输出"方块 A"。

要求：

（1）输入一个 0～51 的整数；

（2）使用 switch 语句完成；

（3）输出其对应的花色和牌值。

10. 分别以百分之四十（40%）、百分之三十（30%）、百分之三十（30%）的概率在屏幕上显示红色、绿色、蓝色填充的圆。

要求：

（1）产生随机数；

（2）根据随机数数值输出相应颜色的填充圆。

实验 4　循环控制结构

4.1　实验目的

(1) 熟练掌握 while 语句、do…while 语句和 for 语句的格式及使用方法;

(2) 掌握 3 种循环控制语句的循环过程以及循环结构的嵌套,利用 3 种循环语句实现循环结构;

(3) 掌握简单、常用的算法,并在编程过程中体验各种算法的编程技巧;

(4) 学习调试程序,掌握语法错误和逻辑错误的检查方法。

4.2　实验指导

本实验指导中将编写两个程序,程序的要求和目标如下。

(1) 输入 10 个数,找出其最大值、最小值,计算其平均值并输出。熟悉 3 种循环语句的书写格式。

(2) 根据公式,求出 π 的值。学习调试程序,掌握通过设置断点、跟踪变量的变化发现逻辑错误的程序调试方法。

1. 输入 10 个数,计算其最大值、最小值和平均值并输出。

使用 while 循环语句,程序代码如下:

```c
#include<stdio.h>
int main()
{
    int i;
    double x,max,min,ave;
    scanf("%lf",&x);
    max=min=ave=x;
    i=1;
    while(i<=9)
    {
        scanf("%lf",&x);
        if(max<x)
            max=x;
        if(min>x)
            min=x;
```

```
    ave=ave+x;
    i++;
}
ave=ave/10;
printf("max=%lf,min=%lf,ave=%lf\n",max,min,ave);
return 0;
}
```

分析：

（1）算法分析：输入第 1 个数，它既可能是最大的数，也可能是最小的数，同时将其存放在和值中（和值先存放在 ave 中）；接着对比其他 9 个数字。①先与最大值比较，如果最大值比当前值小，当前值可能是最大的值；②然后与最小值比较，如果最小值比当前值大，则当前值可能是最小值；③累加当前值于 ave 中；④循环执行完毕后，求平均值，输出程序结果。

（2）语句"while(i≤9)"后面一定不能加分号"；"，否则程序将其视为一条空语句，程序进入死循环状态。

（3）编译、运行程序，查看输出结果。

使用 for 循环语句，程序代码如下：

```
#include<stdio.h>
int main()
{
    int i;
    double x,max,min,ave;
    scanf("%lf",&x);
    max=min=ave=x;
    for(i=1;i<=9;i++)
    {
        scanf("%lf",&x);
        if(max<x)
            max=x;
        if(min>x)
            min=x;
        ave=ave+x;
    }
    ave=ave/10;
    printf("max=%lf,min=%lf,ave=%lf\n",max,min,ave);
    return 0;
}
```

分析：

（1）对于这种循环次数已知的程序，特别适合用 for 循环语句编写。for 语句将循环控制变量的初始化、循环控制条件判断表达式、循环控制变量值的改变写在一行中，程序阅读更为方便。

（2）请自行用 do…while 语句完成这个程序，注意与 while 循环语句不同，在 do…while语句 while 后面的循环判断条件后必须写上分号。

2. 根据下面的公式，求出 π 的值。

$$\frac{\pi^2}{6} = \frac{1}{1^2} + \frac{1}{2^2} + \frac{1}{3^2} + \cdots + \frac{1}{n^2}$$

首先计算等号右边的求和,然后调用 sqrt()函数计算 π 的值。程序编写如下:

```c
#include<stdio.h>
#include<math.h>
int main()
{
    double pi=0;
    int i,n;
    scanf("%d",&n);
    for(i=1;i<=n;i++)
        pi=pi+1/(i*i);
    pi=sqrt(6*pi);
    printf("pi=%f\n",pi);
    return 0;
}
```

编译运行程序。

```
输入:20
输出:pi=2.449490
输入:30
输出:pi=2.449490
```

很明显,编写的程序有逻辑上的错误,因为两个输出结果完全一样。随着编写的程序越来越复杂,很难仅通过阅读程序就能发现这些逻辑上的错误,这时编译器的调试功能就有了用武之地。

很容易猜想,程序的求和部分可能出现了错误,因为输入 20 和 30 的计算结果是一样的,说明求得的和是一样的。在无法直接确定造成这种情况的原因的情况下,可以通过软件的程序调试功能找到问题所在。

程序编辑界面如图 2-4-1 所示。

图 2-4-1   程序编辑界面

将光标的输入点放置在 for 语句行的任意位置上,选择 Debug 菜单中的 Toggle breakpoint 菜单选项,会在这一行的最左端出现一个红色断点,如图 2-4-2 所示。注意:如果再次选择此菜单选项,则此红色断点将被删除。单击此红色断点出现的位置也可快速设置和删除断点。

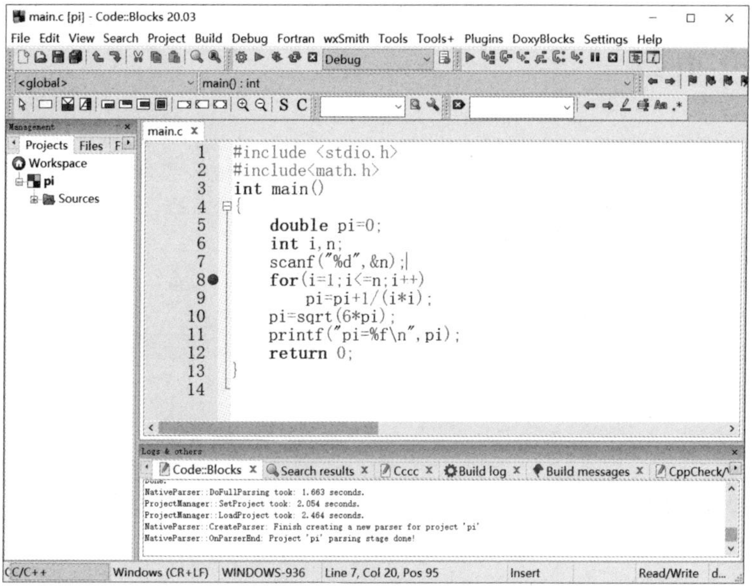

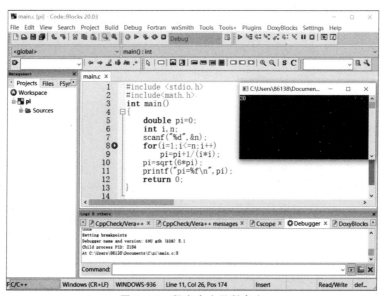

图 2-4-2 设置断点

单击工具条上断点按钮旁边的调试按钮 ▶(注意,不是运行按钮 ▶,也可以通过 Debug 菜单)开始调试程序,在窗口中输入 20 之后,程序中止进行,这时查看程序编辑窗口,会发现在设置的断点上出现一个黄色箭头,表示程序运行到此位置,如图 2-4-3 所示。这时程序中止于此位置,处于调试状态。

图 2-4-3 程序中止于断点上

选择 Debug 菜单下的 Debugging windows 子菜单下的 Watches 菜单选项,会显示 Watches 窗口,调整此窗口的位置,图 2-4-4 中代码右侧即为此窗口。

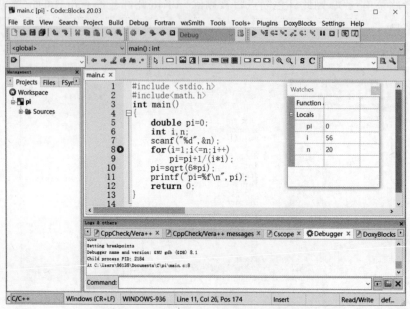

图 2-4-4　带 Watches 窗口的调试界面

通过该窗口的显示可知,当程序运行到这里时,变量 pi 的值是 0,变量 i 的值因为还没有执行初始化语句,是一个随机值(因此看到的数值可能与图示不同),变量 n 的值是 20,说明输入语句正确。

选择 Debug 菜单下的 Next line 菜单选项(也可单击调试工具栏中的 按钮),程序将执行完当前行,黄色箭头移到下一行,提示程序执行到此处,如图 2-4-5 所示。

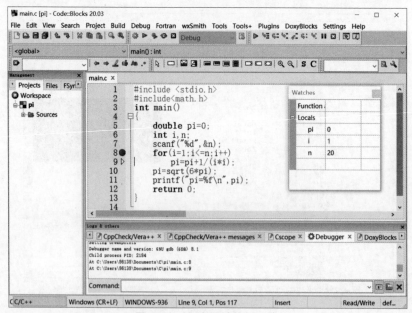

图 2-4-5　程序调试执行一步

在当前情况下,变量 i 的值为1,变量 n 的值仍为20,变量 pi 的值为0。再一次执行 Next line 命令,黄色箭头上移一行,程序又停止在 for 语句上,此时看到如图 2-4-6 所示界面。

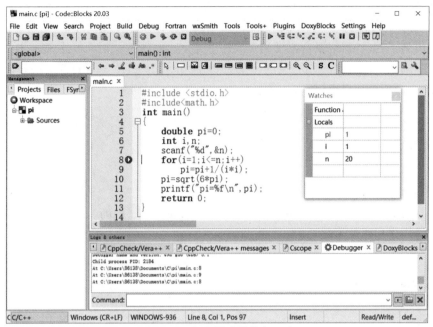

图 2-4-6　程序调试再执行一步

在 Watches 窗口中,可以看到 i 的值为1, n 的值仍为20,而变量 pi 的值为1,这是刚将 "$1/(1*1)$"加入的结果。再次执行 Next line 命令,可以发现 i 的值变为2,循环将第二次执行循环体。再次执行 Next line 命令,此时进入如图 2-4-7 所示界面。

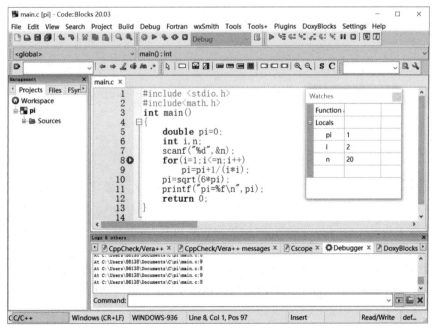

图 2-4-7　通过调试找到错误

在 Watches 窗口中,可以发现变量 pi 的值为 1,而此时 pi 的值应为 1.25,说明 pi 在加上 "1/(2 * 2)"时出现了错误。这时就能发现原来数字 1 和变量 i 都是整型变量,当 i 的值大于 1 时,根据整数除法的计算规则,"1/($i * i$)"的运算结果为 0。因此,无论输入什么样的 n 值,pi 的值都为 1,因此,输入 20 和 30 都输出相同的结果就不足为奇了。

因为找到了错误,所以没有必要再调试下去了,选择 Debug 菜单下的 Stop Debugger 命令结束程序调试,将语句"pi=pi+1/($i * i$);"改为"pi=pi+1.0/($i * i$);"。去掉断点(不去掉也没有影响)后运行程序(单击按钮 ▶)。

```
输入:20
输出:pi=3.094670
输入:30
输出:pi=3.110129
```

可以看到,当 n 越大程序的结果就越接近于 π 的值,程序正确。

最终的程序代码如下:

```c
#include<stdio.h>
#include<math.h>
int main()
{
    double pi=0;
    int i,n;
    scanf("%d",&n);
    for(i=1;i<=n;i++)
        pi=pi+1.0/(i * i);
    pi=sqrt(6 * pi);
    printf("pi=% f\n",pi);
    return 0;
}
```

在上面的程序中将输出语句改为"printf("pi=％d\n",pi)",构建并运行程序。

```
输入:20
输出:pi=409991246
```

很显然程序有错误,如果按上面的步骤进行调试,运行若干步之后,会发现循环没有错误,此时可以将光标放置在语句"pi=sqrt(6 * pi);"上,选择 Debug 菜单下的 Run to cursor 菜单选项,程序将直接运行到光标所在行,然后中止运行,这样就不必单步运行,加快了调试进度。继续调试,如图 2-4-8 所示。

再一次执行 Next line 命令,在图 2-4-9 所示界面中就很容易发现错误的原因了。

变量 pi 的值正确,那么自然是输出语句的错误了,整个调试结束。

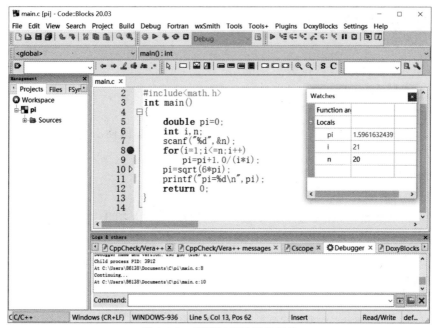

图 2-4-8　调试时运行到光标处

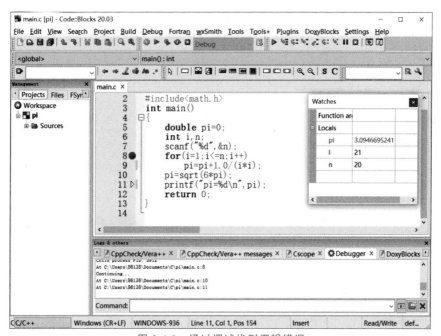

图 2-4-9　通过调试找到逻辑错误

4.3 实验内容

1. 输入一个整数,计算各位数字之和。

要求:

(1) 从键盘输入整数 n。

(2) 输出其各位数字之和,输出格式要求:如输入 1234,则输出"整数 1234 的各位数字之和为 10。"。

(3) 对负数不做考虑。

(4) 输入其他整数验证程序的正确性。

2. 输入一个整数,判断其是否是回文数(所谓的回文数是指正读和反读都相同的数,如 12321、1331、22 等)。

要求:

(1) 从键盘输入整数 n;

(2) 判断其是否为回文数,输出格式要求:

如输入 1234,则输出"整数 1234 不是回文数。";

如输入 1221,则输出"整数 1221 是回文数。";

(3) 对负数不做考虑;

(4) 输入其他整数验证程序的正确性。

3. 输入两个整数 m 和 n,求它们的最大公约数和最小公倍数。

要求:

(1) 从键盘输入 m,n;

(2) 对负数和零可不做考虑;

(3) 运行程序,对 m>n、m<n 和 m==n 的情况进行测试,验证程序的正确性。

4. 输出 1000 以内最大的 10 个素数以及它们的和。

要求:

(1) 由于偶数不是素数,可以不对偶数进行处理;

(2) 输出形式为:素数1+素数2+素数3+…+素数10=总和值。

5. 输入一串字符(以回车键结束),统计其中数字、大写字母、小写字母以及其他字符的个数。

要求:

(1) 在输入字符串之前给出相应提示。

(2) 通过键盘输入字符串。

提示:可在循环中使用 getchar()函数获取字符。

(3) 按照数字、大写字母、小写字母、其他字符数的顺序输出结果。

6. 输出菱形图案。

要求:

(1) 从键盘输入整数 n;

（2）根据 n 的数值输出相应图形。例如,输入的是 5,则输出图形如下图所示。

7. 计算 e 的近似值（e≈2.718281828459…）,e 的计算公式为:
$$e＝1＋1/1!＋1/2!＋1/3!＋…＋1/(n－1)!$$

要求:

（1）从键盘输入整数 n;

（2）输出 e 的值,输出结果保留 10 位小数。

8. 输出九九乘法表,输入 n,则显示前 n 行。下面显示的是输入 5 的结果,注意,各项之间用制表符分隔以保证对齐。

$1 * 1＝1$

$1 * 2＝2$　　$2 * 2＝4$

$1 * 3＝3$　　$2 * 3＝6$　　　$3 * 3＝9$

$1 * 4＝4$　　$2 * 4＝8$　　　$3 * 4＝12$　　　$4 * 4＝16$

$1 * 5＝5$　　$2 * 5＝10$　　$3 * 5＝15$　　　$4 * 5＝20$　　　$5 * 5＝25$

要求:

（1）从键盘输入整数 n;

（2）各项之间用制表符对齐。

9. 编写程序,随机获取两张不包括大、小王的扑克牌 puke1、puke2,比较两张牌的大小。规则是:不区分花色,大小依次是 A＞K＞Q＞J＞10＞9＞8＞7＞6＞5＞4＞3＞2。输出格式如下:12 比 14 大,或 12 与 25 一样大。

要求:

（1）随机生成扑克牌,注意两张牌不能相同;

（2）按格式输出比较结果。

10. 在第 9 题的基础上,加上大、小王,大王＞小王＞A,比较两张牌的大小。

要求:

（1）随机生成扑克牌,注意两张牌不能相同;

（2）按格式输出比较结果。

实验5　数组与字符串

5.1　实验目的

(1) 熟练掌握一维数组、二维数组的定义、初始化和输入输出方法；

(2) 熟练掌握字符数组和字符串函数的使用方法；

(3) 掌握与数组有关的常用算法（如查找、排序等）。

5.2　实验指导

本实验指导中编写两个程序,程序的要求和目标如下。

(1) 在一个存放 10 个元素的一维整型数组中,找出数组元素的最大值和最小值并输出。熟悉一维数组的定义、初始化及其使用方法。

(2) 输入一个 4×4 的二维数组,输出此二维数组后,再分别输出其主对角线与副对角线元素的和。熟悉二维数组的定义、初始化及其使用方法。

1. 在一个存放 10 个元素的一维整型数组中,找出数组元素的最大值和最小值并输出。

程序代码如下：

```c
#include<stdio.h>
int main()
{
    int a[10],i,max,min;
    printf("请输入 10 个整数:\n");
    for (i=0;i<10;i++)
    {
        scanf("%d",&a[i]);
    }
    max=a[0];
    min=a[0];
    for (i=1;i<10;i++)
    {
        if (a[i]>max)
            max=a[i];
        if (a[i]<min)
            min=a[i];
```

```
    }
    for (i=0;i<10;i++)
    {
        printf("a[%d]=%d\n",i,a[i]);
    }
    printf("最大值是 %d, 最小值是 %d\n",max,min);
    return 0;
}
```

分析:

(1) 查找数据的最大值和最小值的程序已经介绍过,在设计思想上没有什么变化。

(2) 对于一维数组编程,通常涉及数据输入、数据处理、数据输出 3 个独立部分,每一部分由一个循环来完成。

(3) 使用 scanf()函数实现数组元素的输入,在输入前给出必要的提示是用户界面友好的一种表现形式。

(4) 输出时,首先输出数组的 10 个元素,然后输出最大值和最小值。

(5) 编译运行程序,输入 10 个整数,验证程序的正确性。

如输入:

```
21 37 6 17 9 12 89 76 35 59<回车>
```

运行结果如下:

```
a[0]=21
a[1]=37
a[2]=6
a[3]=17
a[4]=9
a[5]=12
a[6]=89
a[7]=76
a[8]=35
a[9]=59
最大值是 89, 最小值是 6
```

2. 输入一个 4×4 的二维数组,输出此二维数组后,再分别输出其主对角线与副对角线元素的和。

程序代码如下:

```
#include<stdio.h>
int main()
{
    int a[4][4],i,j,sum1=0,sum2=0;
    printf("请输入 4*4 的二维整数数组:\n");
    for (i=0;i<4;i++)
        for(j=0;j<4;j++)
            scanf("%d",&a[i][j]);
```

```
    for (i=0;i<4;i++)
    {
        sum1=sum1+a[i][i];
        sum2=sum2+a[i][3-i];
    }
    for (i=0;i<4;i++)
    {
        for(j=0;j<4;j++)
            printf("%d\t",a[i][j]);
        printf("\n");
    }
    printf("主对角线之和是 %d\n 副对角线之和是 %d\n",sum1,sum2);
    return 0;
}
```

分析:

(1) 二维数组的数据输入、数据处理、数据输出,通常每一部分都由一个双重循环来完成,本实验的数据处理部分不涉及该行的每个数值,只与主对角线或副对角线上的值有关,因此仅针对行的单重循环来完成。

(2) 在二维数组的数据输出时,应在每行结束处加一个换行标记。

(3) 编译运行程序。

输入数字 1~16,运行结果如下。

```
1       2       3       4
5       6       7       8
9       10      11      12
13      14      15      16
主对角线之和是 34
副对角线之和是 34
```

输入其他值,验证程序的正确性。

3. 编写一个程序,初始化一个由若干英文句子组成的段落,每个句子都是一个独立的字符串,统计在该段落中各字母出现的次数(忽略大、小写)。

程序代码如下:

```
#include<stdio.h>
int main()
{
    int count[26]={0};
    char paragraph[][200]=
    {"He simply told her that he worked for the Corporation."
    ,"Every morning, he left home dressed in a smart black suit."
    ,"He then changed into overalls and spent the next eight hours as a dustman."
    };
    for(int i=0;i<3;i++){
        int j=0;
        while(paragraph[i][j]!='\0'){
```

```
            if(paragraph[i][j]>='a'&&paragraph[i][j]<='z')
                count[paragraph[i][j]-'a']++;
            else if(paragraph[i][j]>='A'&&paragraph[i][j]<='Z')
                count[paragraph[i][j]-'A']++;
            j++;
        }
    }
    for(int i=0;i<26;i++)
        if(count[i]!=0)
    printf("%c: %2d\n",i+'a',count[i]);
    return 0;
}
```

分析：

（1）用一维数组的 26 个元素存放每个字符出现的次数，其次序与字母 a～z 一一对应，所有元素都初始化为 0。

（2）用二维字符数组存放段落，每行一个字符串（句子），字符串可以用双引号方式直接初始化。

（3）对于每个字符串，若是发现需要统计的字符，则数组 count 对应的数组元素加 1。大、小写字母处理方式类似。

（4）输出时注意将字符位置信息转换为字符本身输出，如果字符没出现（计数为 0）则不输出。

5.3　实验内容

1. 对于一个存放任意 10 个元素的一维数组，将数组元素进行对调（即第一个元素变为最后一个元素，最后一个元素变为第一个元素，第二个元素和第九个元素对调，以此类推）。要求初始化一个一维数组，输出原始数组内容和对调后的结果。

2. 在一个有序的整型数组中，插入一个整型数据并保持原来排序不变（提示：原有序数组为 1,2,3,7,8,9，插入数据 5 后的排序为 1,2,3,5,7,8,9）。要求：初始化一个有序数组，从键盘读入一个整型数据，输出该数组以及插入数据后的数组。

3. 首先输入一个大于 2 且小于 10 的整数 n，然后定义一个二维整型数组（$n \times n$），初始化该数组，将数组中最大元素所在的行和最小元素所在的行对调。

要求：

（1）$n \times n$ 数组元素的值由 scanf() 函数从键盘输入（假定最大值与最小值不在同一行上），然后输出该数组；

（2）查找最大值与最小值所在行；

（3）将数组中最大元素所在的行和最小元素所在的行对调，并输出对调后的数组；

（4）为直观起见，数组按 n 行 n 列的方式输出。

4. 将 3 个学生、4 门课程的成绩分别存放在 4×5 数组的前 3×4 列，计算每个学生的总成绩存放在该数组的最后一列的对应行上,计算出单科成绩的平均分存放在最后一行的对应列上。

要求:

(1) 数组类型定义为实数类型,成绩由 scanf() 函数从键盘输入;

(2) 输出原始成绩数据(3×4 列);

(3) 计算每个学生的总成绩以及单科成绩的平均分,并按要求填入数组中,输出结果数组(4×5 列);

(4) 数据保留一位小数。

5. 体操比赛中共有 8 名裁判员给体操运动员评分(最高分为 10 分),评分原则为去掉一个最高分和一个最低分,其余分数求和则为体操运动员最后得分。要求分数保留 1 位小数。

要求:

(1) 随机生成 3 个运动员的打分(1 号运动员 5~7 分,2 号运动员 8~10 分,3 号运动员 7~9 分);

(2) 计算其最后得分并输出;

(3) 输出格式为,运动员编号(序号),裁判打分,其中最高、最低分用[]括起来,输出最后得分(用()括起来)。

6. 初始化一个 3×4 二维整型数组,求其"鞍点",即该位置上的元素在该行上最大,在该列上最小,如果没有鞍点输出 no saddlepoint。

要求:

(1) 初始化数组(有鞍点);

(2) 找到鞍点后输出其位置,格式为(x,y),如果没有鞍点,则输出 no saddlepoint。

7. 输入一个字符串,编写程序求字符串中的数字字符所表示的数字之和。

要求:

(1) 输出字符串中的各数字之和;

(2) 如果字符串中没有数字字符,输出提示信息。

8. 在给定的字符串中查找指定的子字符串。

要求:

(1) 输入两个字符串,给出友好的提示信息;

(2) 在字符串 1 中查找该子字符串 2,如果存在,输出子字符串在字符串中首次出现的位置;

(3) 如果在给定的字符串中不存在该子字符串,则给出相应的说明信息。

9. 用一维数组存储扑克牌数字值(0~53),编写洗牌程序,即随机打乱扑克牌的次序。

要求:

(1) 用一维数组存放扑克牌值;

(2) 注意洗牌后的随机性;

(3) 输出洗牌后的结果。

10. 扑克牌洗牌后,两个玩家一人取两张牌,比较大小。单张牌的大小与之前编写程序相同。比较规则为,如果一方是对牌(如两个 3),另一方是两张单牌,则对牌胜;如果双方都是单牌,则先比较大的牌,牌大者胜,否则比较另一张牌;如果双方牌型、牌值都一样,则平局。

　　要求：

　　（1）先对抓到的牌按从大到小顺序整理；

　　（2）按牌型不同（对牌与单牌），都是对牌、都是两个单牌的次序进行比较；

　　（3）输出双方的牌以及比较结果。

实验 6 函 数

6.1 实验目的

(1) 掌握函数的定义方法、调用方法、参数说明以及返回值；
(2) 掌握实参与形参的对应关系，以及参数之间"值传递"的方式；
(3) 掌握函数的嵌套调用及递归调用的设计方法；
(4) 在编程过程中加深理解函数调用的程序设计思想。

6.2 实验指导

本实验指导编写两个程序，程序的要求和目标如下：

(1) 编写两个函数，gcd()函数的功能是求两个整数的最大公约数；mul()函数的功能是求两个整数的最小公倍数。学习目的是掌握函数的定义方法、调用方法、参数说明和返回值的返回方式及使用。

(2) 编写一个 intcharAt(char c,char s[],int begin)函数，判断某个字符 c 在字符串 s 中出现的位置，从下标 begin 开始判断，输出第一个字符 c 出现的位置，如果在 begin 开始的字符串中不存在字符 c，输出−1。编写主程序，输入一个字符和一个字符串，利用上面的函数，输出字符在字符串中出现的次数，并输出字符出现的每个位置。目的是进一步理解函数的调用，并加深理解函数调用的程序设计思想。

1. 编写两个函数，gcd()函数的功能是求两个整数的最大公约数，mul()函数的功能是求两个整数的最小公倍数。

程序代码如下：

```
#include<stdio.h>
int gcd(int x,int y);
int mul(int x,int y);
void main()
{
    int a,b;
    scanf("%d%d",&a,&b);
    printf("%d\n",gcd(a,b));
    printf("%d\n",mul(a,b));
```

```
    }
int gcd(int x,int y)
{
    int t;
    do
    {
        t=x%y;
        x=y;
        y=t;
    }while(t!=0);
    return x;
}
int mul(int x,int y)
{
    return x*y/gcd(x,y);
}
```

分析：

（1）算法分析：利用辗转相除法求最大公约数，再利用 gcd()函数求最小公倍数。

（2）函数应先声明然后再使用，注意函数中每个参数都应独立声明其数据类型，函数可以调用其他函数；用 return 语句返回函数的值。

（3）编译程序，直到程序无错误。

（4）运行程序，输入两个整数，如：

```
16^24<回车>
```

（5）查看运行结果如下：

```
最大公约数是 8
最小公倍数是 48
```

（6）输入其他值，验证程序的正确性。

2. 编写一个 intcharAt(char c,char s□,int begin)函数，判断某个字符 c 在字符串 s 中出现的位置，从下标 begin 开始判断，输出第一个字符 c 出现的位置，如果在 begin 开始的字符串中不存在字符 c，输出 −1。编写主程序，输入一个字符和一个字符串，利用上面的函数，输出字符在字符串中出现的次数，并输出字符出现的每个位置。

程序代码如下：

```
#include<stdio.h>
int charAt(char c,char s[],int begin);
void main()
{
    char c;
    char s[30];
    int position,count=0;
    gets(s);
```

```
    c=getchar();
    position=charAt(c,s,1);
    while(position!=-1)
    {
        printf("%d,",position);
        count++;
        position=charAt(c,s,position+1);
    }
    if(count==0)
        printf("字符 %c 不在字符串 %s 中。\n",c,s);
    else
        printf("字符 %c 在字符串 %s 中出现了 %d 次。\n",c,s,count);
}
int charAt(char c,char s[],int begin)
{
    int i;
    i=begin-1;
    while(s[i]!='\0')
    {
        if(s[i]==c)
            return i+1;
        i++;
    }
    return -1;
}
```

分析:

(1) charAt()函数。对于给定的字符串 s,从下标 i=begin-1(begin 是开始查找的位置,从 1 开始,而字符数组下标从 0 开始)开始查找字符 c,如果在字符串结束前(s[i]!='\0')找到字符,则返回字符在字符串中的位置(return i+1;),否则返回没找到(return -1;)。

(2) main()函数。输入字符串和待查找的字符后,调用 charAt()函数从头开始查找字符(position=charAt(c,s,1);)。如果找到该字符,则计数后从该字符的下一位置再次调用 charAt()函数(position=charAt(c,s,position+1);),重复此步骤,当返回值为-1时查找结束。

(3) 编译程序,直到程序无错误。

(4) 运行程序,输入:

```
hello world<回车>
o<回车>
```

运行结果如下:

```
5,8,字符 o 在字符串 hello world 中出现了 2 次。
```

输入:

```
hello world<回车>
a<回车>
```

运行结果如下：

字符 a 不在字符串 hello world 中。

（5）输入其他值，验证程序的正确性。

3. 编写一个 **showImage**（）函数，在屏幕上显示一幅图片；调用此函数，在屏幕上显示 5 张扑克牌。

程序代码如下：

```
#include<graphics.h>
//下面 3 行是 C++语法,不需要弄清楚
#include<iostream>
#include<sstream>
using namespace std;
//参数一是图片文件及其位置字符串,参数二、三是显示的坐标位置
void showImage(string imageName,int x,int y)
{
//getimage 需要传递的是一种特殊的字符串,下面两句是将字符串转换为这种特殊字符串,知道
//功能即可
    LPCTSTR picName;
    picName=imageName.c_str();

    PIMAGE pimg = newimage();
    getimage(pimg,picName);
    putimage(x, y, pimg);
    delimage(pimg);
}
int main()
{
    int a,x=10,y=10;
    randomize();

    initgraph(600, 600);
    setbkcolor(WHITE);
    //这是 C++语法,用于将数字连接到字符串中
    ostringstream oss;

    for(int i=0;i<5;i++){
        a=random(54);
        //下面 3 句是 C++语法,用于将数字连接到字符串中,只要知道变量 a 的位置即可
        oss.str("");
        oss<<"c:/image/"<<a<<".jpg";
        string picName=oss.str();

        showImage(picName,x,y);
        x+=20;
    }

    getch();
```

```
    closegraph();
    return 0;
}
```

分析：

(1) 因图像处理 EGE 是 C++ 库,本例用了一些 C++ 语法,读者对这部分内容明白大概意思即可,主要就是动态生成图片显示所要求文件格式的字符串。

(2) showImage()函数。将输入字符串转换为输出图片函数所需要的格式,然后在要求位置输出该图片。

(3) main()函数。生成 5 个代表图片名称的随机数,根据随机数生成图片名称完整路径,然后调整下一幅图片位置(水平向右移动 20,垂直不变),最后调用 showImage()函数显示图片。

(4) 编译程序,直到程序无错误。

(5) 运行程序,结果类似图 2-6-1,因使用随机数,图片显示不同。

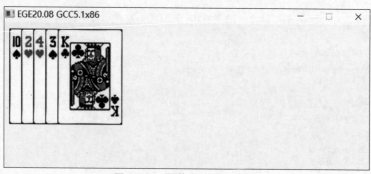

图 2-6-1　图片程序运行结果

6.3　实验内容

1. 编写一个 primeNum(int x)函数,功能是判别一个数是否为素数。

要求:

(1) 在主函数中输入一个整数 x(直接赋值或从键盘输入)。

(2) 函数返回类型为整型(int),调用 primeNum()函数后,在该函数中判断 x 是否是素数,是则返回 1,否则返回 0。

(3) 主程序中调用 primeNum()函数,判断并输出 1000 以内的全部素数。

2. 编写两个函数:getMax()获得两个数的最大值,getMin()获得两个数的最小值。主程序输入 3 个整数,调用这两个函数后输出最大值和最小值。

要求:

(1) 从键盘输入 3 个整数;

(2) 用 getMax()函数求最大值,用 getMin()函数求最小值,并在主函数中输出。

3. 编写函数 int fun(int m,int n),其功能是根据以下公式求 p 值,结果由函数值返回

（m 与 n 为两个正整数且要求 $m > n$）。要求：在主调函数中读入 m 和 n 的值，调用 fun() 函数后，在主调函数中输出计算结果。

$$p = \frac{m!}{n! \times (m-n)!}$$

4. 编写递归函数 fib(int n)，计算如下公式的值。

$$\mathrm{fib}(n) = \begin{cases} 0, & n=0 \\ 1, & n=1 \\ \mathrm{fib}(n-2) + \mathrm{fib}(n-1), & n>1 \end{cases}$$

要求：

（1）在主调函数中从键盘输入一个整数，调用函数后输出计算结果；

（2）fib() 函数应采用递归方式完成计算。

5. 编写 catStr(char str1[], char str2[]) 函数用于进行两个字符串的连接，编写 lenStr(char str[]) 函数用于统计一个字符串的长度，并在主函数中调用。

要求：

（1）不允许使用 strcat() 和 strlen() 字符处理库函数；

（2）在主函数初始化两个字符串 str1、str2。调用 lenStr() 函数计算并返回两个字符串的长度；

（3）调用 catStr() 函数连接两个字符串（将 str2 连接在 str1 后面）；

（4）调用 lenStr() 函数计算并返回连接后字符串的长度；

（5）在主函数中输出两个原始字符串和各自的长度，以及处理后的字符串及其长度。

6. 编写 void delet(char str[]) 函数，该函数的功能是判断字符串 str 中的字符的个数是奇数还是偶数。如果个数为奇数，那么将字符串中 ASCII 码值最大的字符删除；如果个数为偶数，那么将字符串中 ASCII 码值最小的字符删除。

要求：

（1）在主函数中输入字符串，并输出原始字符串；

（2）调用 delet() 函数后，输出修改后的字符串。

7. 编写 int fun(int n, int m) 函数解决鸡兔同笼问题，已知鸡和兔的总数量为 n，总腿数为 m，用 fun() 函数计算鸡的数目并返回，如果无解返回 -1。在主函数中调用 fun() 函数，计算并依次输出鸡和兔的数目，如果无解，则输出"此题无解"。

要求：

（1）fun() 函数定义在 main() 函数下面；

（2）在主函数中初始化 3 组数据 n, m，调用 fun() 函数后输出计算结果。

8. 编写 int conv(char hex[]) 函数将十六进制整数的数字字符串转换为十进制整数，要求主函数中输入十六进制数字字符串，调用 conv() 函数输出其十进制整数。十六进制数字字符串的位数要求在 6 位以下，至少 1 位，并以 H 或 h 结尾。

要求：

（1）conv() 函数定义在 main() 函数下面；

（2）编写 check() 函数对十六进制字符串进行格式检查；

（3）在主函数中输入一个十六进制字符串，检查通过后调用 conv() 函数进行数制转换，最后输出转换前的十六进制数据和转换后的十进制数据。

9. 利用实验指导第 3 题的 showImage()函数,在屏幕上显示出各不相同的 16 张扑克牌。

要求:

(1) 编写一个函数处理"各不相同"的问题;

(2) 主函数生成扑克牌,调用函数后选出各不相同的 16 张扑克牌,然后图形化输出这 16 张牌。

10. 在第 9 题的基础上,显示的扑克牌应该自左向右按从大到小的顺序显示(整理扑克牌),牌的大小比较规则与第 9 题编写的程序要求一致,同牌值不同花色的牌的显示次序不作明确要求。

要求:

(1) 编写一个扑克牌整理函数对某一数量的牌进行整理(排序);

(2) 主函数生成扑克牌,调用函数后选出各不相同的 16 张扑克牌,排序整理这 16 张扑克牌,然后图形化输出这 16 张牌。

实验 7 指 针

7.1 实验目的

(1) 掌握指针的概念,学会定义和使用指针变量;
(2) 能正确使用变量的指针和指向变量的指针变量;
(3) 能正确使用数组的指针和指向数组的指针变量;
(4) 能正确使用字符串的指针和指向字符串的指针变量。

7.2 实验指导

本实验指导中编写两个程序,程序的要求和目标如下。

(1) 编写交换两个整数的 swap()函数,体会值传递和地址传递的不同,理解指针变量的作用,进一步熟悉程序的调试方法。

(2) 利用指针变量重新编写函数 intcharAt(char c,char s[],int begin),进一步理解指针变量的作用。

1. 编写交换两个整数的 swap()函数。

不使用指针变量,编写的两个整数交换的函数代码如下:

```
void swap(int a,int b)
{
    int temp;
    temp=a;
    a=b;
    b=temp;
}
```

在程序中,采用的是典型的两个数交换的程序。编写主程序进行测试,全部代码如下。

```
#include<stdio.h>
void swap(int a,int b);
int main()
{
    int a,b;
```

```
    scanf("%d%d",&a,&b);
    swap(a,b);
    printf("%d,%d\n",a,b);
    return 0;
}
void swap(int a,int b)
{
    int temp;
    temp=a;
    a=b;
    b=temp;
}
输入:3^5
输出:3,5
```

程序并没有完成两个数的交换,运行结果错误。调试程序方法如下。

在主程序"swap(a,b);"行上加断点,调试程序,输入 3^5 后程序中断,选择 Debug→Debugging windows→Watches 命令,显示如图 2-7-1 所示界面。

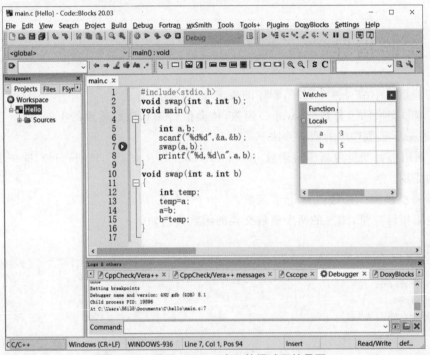

图 2-7-1　显示 Watches 窗口的调试开始界面

观察 Watches 窗口中的变量 a 和 b 的值可知输入语句正确;如果此时使用 Next line 命令(或单击调试工具栏上的 按钮),程序将直接执行完 swap()函数后暂停在 printf 语句上,因此必须使用 Step Into 命令(或单击调试工具栏上的 按钮),程序暂停在如图 2-7-2 所示界面上。

在 swap()函数中,变量 a 和 b 的值分别是 3 和 5。重复执行 Step Into 命令,当函数执行完函数的最后一条语句时,显示如图 2-7-3 所示调试界面。

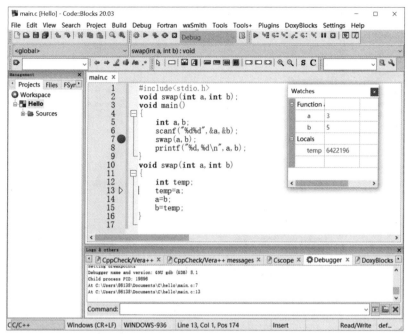

图 2-7-2　进入 swap() 函数的调试界面

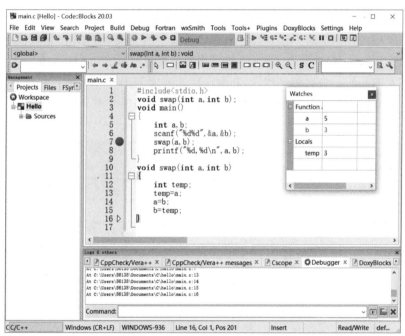

图 2-7-3　swap() 函数调试结束界面

在程序执行的过程中,通过观察 Watches 窗口中变量值的变化,可以发现 a 和 b 的值已经交换了。再一次执行 Step Into 命令,程序从 swap() 函数中返回到 main() 函数的调用语句上,如图 2-7-4 所示。

此时可以发现 main() 函数中变量 a 的值仍然是 3,而变量 b 的值也仍然是 5,没有交换。已发现问题,结束程序调试。

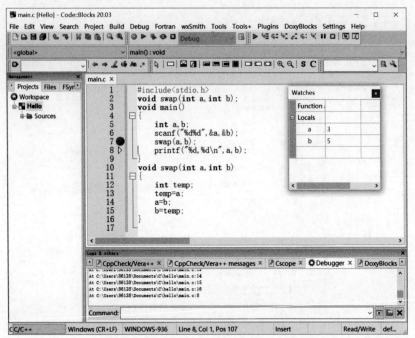

图 2-7-4　从 swap( )函数返回时的调试界面

由此可知变量在 swap( )函数中确实完成了交换,但 swap( )函数中的 a 和 b 与 main( )中的 a 和 b 所用的存储空间不同,因此 swap( )函数中的交换对 main( )函数没有任何影响。

可以利用 Watches 窗口的表达式输入功能来更清楚地理解 main( )函数中 a 和 b 与 swap( )函数的 a 和 b 的不同。再次调试程序,在程序中止界面的 Watches 窗口中输入 &a 和 &b,观察变量 a 和 b 的地址(你的程序变量地址可能与本书示例并不一致),如图 2-7-5 所示。

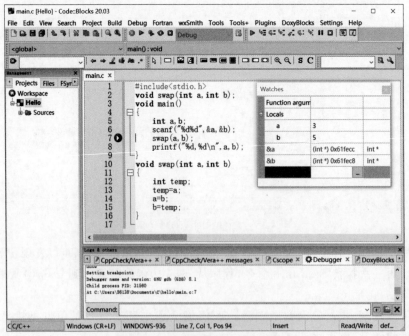

图 2-7-5　观察变量地址的调试界面

此时显示的是 main()函数中变量 a 和 b 的地址。执行 Step Into 命令,程序进入 swap()函数,如图 2-7-6 所示。

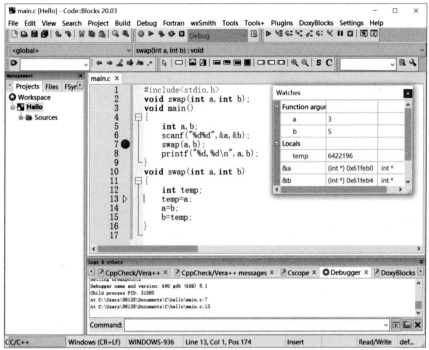

图 2-7-6 swap()函数中变量地址观察调试界面

仔细对比就会发现,swap()函数中的变量 a 和 b 的地址与 main()函数中的变量 a 和 b 的地址是不同的。调试结束。

提示:在 Watches 窗口不仅可以观察变量的值,也可以输入表达式(如 a+b),观察表达式的值,甚至还可以对程序中的变量重新赋值(如让 a 等于 7),这对于进一步理解程序的运行情况及调试程序很有帮助。

可以通过参数使用指针变量来解决上述程序中的问题,程序代码如下。

```c
#include<stdio.h>
void swap(int * a,int * b);
int main()
{
    int a,b;
    scanf("%d%d",&a,&b);
    swap(&a,&b);
    printf("%d,%d\n",a,b);
    return 0;
}
void swap(int * a,int * b)
{
    int temp;
    temp= * a;
    * a= * b;
```

```
        * b=temp;
}
```

编译运行程序。

```
输入:3^5
输出:5,3
```

程序运行正确。再次调试程序如下。

在主程序"swap(&a,&b);"行上加断点,调试程序,输入 3^5 后程序中断如图 2-7-7 所示。

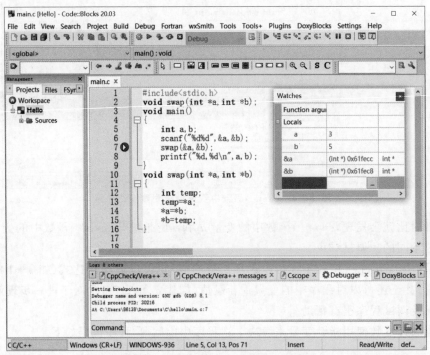

图 2-7-7　观察主函数中变量地址值界面

在 Watches 窗口中显示了变量 a 和 b 的值,输入它们的地址 &a 和 &b,注意观察它们的地址。执行 Step Into 命令,程序进入 swap()函数,如图 2-7-8 所示。

swap()函数中的变量 a 和 b 存放的是 main()函数中变量 a 和 b 的地址,数值与 main()函数中的 &a 和 &b 中的值相同,这两个指针变量 a 和 b 中存放的值分别是 3 和 5。

连续执行 Step Into 命令,观察程序执行交换过程中各变量的变化情况,调试过程不再赘述。因为此时改变的是地址中的值,而地址就是 main()函数中变量 a 和 b 的存储地址,因此,swap()函数中的数据交换后主程序再访问该地址中的值自然得到的是交换后的数据。

如果函数调试结束,没有必要再按步骤调试下去,可以执行 Step Out 命令(或者是单击调试工具栏上的 按钮),程序将一次执行完函数中的其他语句,然后返回到调用函数的语句处继续调试。

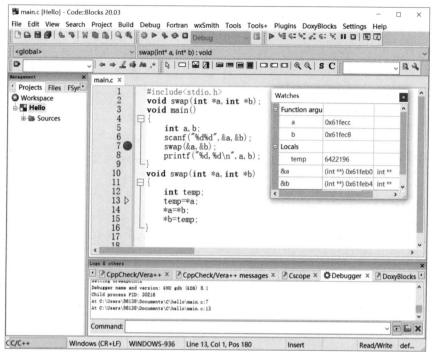

图 2-7-8 观察 swap()函数中变量地址值界面

2. 利用指针变量重新编写函数 intcharAt(char c,char s[],int begin)。

在实验 6 的实验指导第 2 题中,编写的函数代码如下:

```
int charAt(char c,char s[],int begin)
{
    int i;
    i=begin-1;
    while(s[i]!='\0')
    {
        if(s[i]==c)
            return i+1;
        i++;
    }
    return -1;
}
```

其中,参数 begin 的作用是确定查找开始的位置,使用了指针变量作为参数,就可以省略这一参数而达到同样的操作效果。完整的程序代码如下。

```
#include<stdio.h>
int charAt(char c,char * s)
{
    int i;
    i=0;
    while(s[i]!='\0')
```

```
    {
        if(s[i]==c)
            return i+1;
        i++;
    }
    return -1;
}
int main()
{
    char c;
    char s[30];
    int position,count=0,nowP=0;
    gets(s);
    c=getchar();
    position=charAt(c,s); //也可以写成 position=charAt(c,&s[nowP]);
    while(position!=-1)
    {
        nowP+=position;
        printf("%d,",nowP);
        count++;
        position=charAt(c,&s[nowP]);
    }
    if(count==0)
        printf("字符 %c 不在字符串 %s 中。\n",c,s);
    else
        printf("字符 %c 在字符串 %s 中出现了 %d 次。\n",c,s,count);
    return 0;
}
```

分析:

(1) 在 charAt()函数中,只需要两个参数:字符变量和字符指针变量,函数返回的是从字符指针变量开始的字符串中出现查找字符的第一个位置,如果没找到返回-1。

(2) 在 main()函数中,由于 charAt()函数返回的是第一个位置,因此需要定义变量 nowP 存储本次字符开始查找的起始地址的下标,也是上次查找到的字符的位置(字符位置等于位置下标加 1)。通过 charAt(c,&s[nowP])语句传递到 charAt()函数中的不是字符串的首地址,而是要开始查找的字符的地址。

(3) 编译程序,直到程序无错误。

(4) 运行程序,输入:

```
hello world<回车>
o<回车>
```

运行结果如下:

```
5,8,字符 o 在字符串 hello world 中出现了 2 次。
```

输入:

```
hello world<回车>
a<回车>
```

运行结果如下：

字符 a 不在字符串 hello world 中。

（5）输入其他值，验证程序的正确性。

（6）调试程序，进一步理解通过指针变量的地址传递。

在程序行"position＝charAt(c,s)；"上设置断点，调试程序，输入字符串"hello world"，然后再输入字符 o，进入如图 2-7-9 所示调试界面。

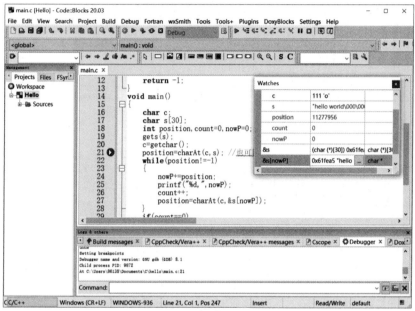

图 2-7-9　调试开始界面

在此界面中可知字符数组 s 的地址是 0x61fea5（你的程序数组地址可能与本书示例不一致），存放的字符串为"hello world"（后面还存有其他字符，但已不属于字符串了），字符数组名 s 中存放的是该数组的首地址，因此可以作为函数的第二个参数（要求是字符型地址变量）进行函数调用。

多次执行单步调试，直到程序终止于循环语句中如图 2-7-10 所示的再次调用函数的程序行上（第 27 行）。

在此界面中可知字符数组中 s[5]的地址是 0x61feaa，与字符串的首地址 0x61fea5 正好差 5 个字符（"hello"）的位置偏移。从这个地址开始的字符串不再是 hello world，而是 world（[空格]world）。

继续执行单步调试，直到程序终止于如图 2-7-11 所示第三次调用函数的程序行之上。

在此界面中可知字符数组中 s[8]的地址是 0x61fead，从这个地址开始的字符串是"rld"三个字符的字符串了。因此 charAt()函数的返回值是－1，程序将结束循环，不再调用 charAt()函数了。

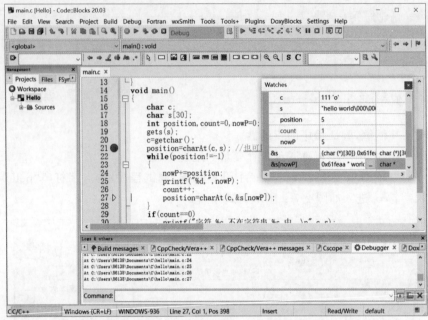

图 2-7-10　再次调用函数时变量观察界面

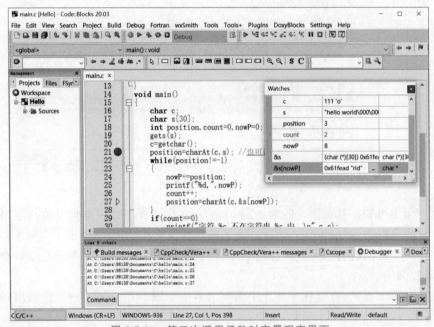

图 2-7-11　第三次调用函数时变量观察界面

3. 编写 **sumRightUp( )** 函数，其功能是求输入的 $n \times n$ 数组的右上角元素的和（包含对角线上元素）。

程序代码如下：

```c
#include<stdio.h>
int sumRightUp(int ( * a)[4],int n)
```

```
{
    int sum=0;
    for(int i=0;i<n;i++)
        for(int j=i;j<n;j++)
            sum+=a[i][j];
    return sum;
}
int main()
{
    int a[][4]={{1,2,3,4},{5,6,7,8},{9,10,11,12},{13,14,15,16}};
    int i,j,sum;
    for(i=0;i<4;i++){
        for(j=0;j<4;j++)
            printf("%d\t",a[i][j]);
        printf("\n");
    }
    sum=sumRightUp(a,4);
    printf("%d\n",sum);
    return 0;
}
```

分析：

（1）编译后的二维数组存储与一维数组是相同的，例如，一个 4×4 的二维数组与一个同类型的 16 个元素的一维数组同样占据连续的 16 个数的存储空间。也就是说，此时的二维数组已经没有了行和列的概念，例如，可将第 2 行的第 1 个元素解释为第 5 个元素。因此，在函数中，通常使用指向数组的指针来传递二维数组地址。

（2）在 main() 函数中，先初始化一个 4×4 的数组，然后输出该数组，再调用函数计算数组右上角元素的和，最后输出结果。

在编写的函数中必须给出数组指针指向的数组大小为 4，这实际上严重影响了程序的可扩展性。例如，若想计算 3×3 的数组，在 main() 函数中必须得定义成 4×4 的，然后用其 3×3 这部分，否则就会出错。另外，这样编写的函数根本处理不了比 4×4 大的二维数组。有这种需要的话，可以采用传递存放指针的数组的方式来处理二维数组。

程序代码如下：

```
#include<stdio.h>
int sumRightUp(int **a,int n)
{
    int sum=0;
    for(int i=0;i<n;i++)
        for(int j=i;j<n;j++)
            sum+=a[i][j];
    return sum;
}
int main()
{
    int a[][4]={{1,2,3,4},{5,6,7,8},{9,10,11,12},{13,14,15,16}};
```

```
    int i,j,sum;
    int *p[4];
    for(i=0;i<4;i++){
        for(j=0;j<4;j++)
            printf("%d\t",a[i][j]);
        printf("\n");
    }
    for(i=0;i<4;i++)
        p[i]=a[i];
    sum=sumRightUp(p,4);
    printf("%d\n",sum);
    return 0;
}
```

分析:

(1) 函数定义时直接用二维指针,不用限定列的大小了。

(2) 在 main()函数中,通过存放指针的数组 p 记录下二维数组 a 的每一行首地址,然后将其作为参数传递给函数就可以了。

7.3 实验内容

1. 将一个任意整数插入已排序的整型数组中,插入后数组中的数仍然保持有序。

要求:

(1) 整型数组由直接赋值的方式初始化,要插入的整数由 scanf()函数输入;

(2) 算法实现过程采用指针进行处理;

(3) 输出原始数组数据以及插入整数后的数组数据,并加以说明。

2. 输入 10 个整数,按由大到小的顺序输出。

要求:

(1) 通过 scanf()函数输入 10 个数据并存储于数组中;

(2) 编写函数 sort(int *a,int n),利用指针实现从大到小排序。

3. 编写函数 reverse(int *p, int n),输入一串数字,以空格分隔,首先输出它的原数组,再输出它逆序之后的数组,并在主函数中调用该函数。

要求:

(1) 在函数 reverse(int *p, int n)中,int *p 表示输入的数组指针,int n 表示数组的长度。

(2) reverse()函数的功能是将数组 p 中数据逆序。

(3) 在主函数中调用 reverse()函数,通过键盘输入数组,输出逆序后的数组。

4. n 行 n 列转置。编写一个函数 void transpose(int (*matrix)[10], int n),实现对一个矩阵的前 n 行和前 n 列转置。先在主函数中初始化如下矩阵,然后输入 $n(n<10)$,调用 transpose()函数前 n 行 n 列的转置。

要求：

（1）在主函数中初始化如下矩阵。

$$
\begin{bmatrix}
1 & 2 & 3 & 4 & 5 & 6 & 7 & 8 & 9 & 0 \\
0 & 1 & 2 & 3 & 4 & 5 & 6 & 7 & 8 & 9 \\
9 & 0 & 1 & 2 & 3 & 4 & 5 & 6 & 7 & 8 \\
8 & 9 & 0 & 1 & 2 & 3 & 4 & 5 & 6 & 7 \\
7 & 8 & 9 & 0 & 1 & 2 & 3 & 4 & 5 & 6 \\
6 & 7 & 8 & 9 & 0 & 1 & 2 & 3 & 4 & 5 \\
5 & 6 & 7 & 8 & 9 & 0 & 1 & 2 & 3 & 4 \\
4 & 5 & 6 & 7 & 8 & 9 & 0 & 1 & 2 & 3 \\
3 & 4 & 5 & 6 & 7 & 8 & 9 & 0 & 1 & 2 \\
2 & 3 & 4 & 5 & 6 & 7 & 8 & 9 & 0 & 1
\end{bmatrix}
$$

（2）然后输入 n（$n<10$），输出上述矩阵的 $n\times n$ 部分，然后调用 transpose() 函数对前 n 行 n 列进行转置。

（3）输出转置后矩阵的 $n\times n$ 部分。例如输入 3，转置后输出为：

```
1 0 9
2 1 0
3 2 1
```

5. 编写函数 upCopy(char * newstr, char * old)，将 old 指针所指向字符串中的大写字母复制到 newstr 指针指向的字符串中，并在主函数中调用该函数。

要求：

（1）在主函数中初始化一个字符串；

（2）在主函数中调用 upCopy() 函数，输出 old 指针和 newstr 指针指向的字符串。

6. 编写函数 catStr(char * str1, char * str2) 用于进行两个字符串的连接，采用指针实现其过程，并在主函数中调用。

要求：

（1）不允许使用 strcat() 等字符处理库函数；

（2）在主函数中初始化两个字符串 str1、str2；

（3）调用 catStr() 函数连接两个字符串（将 str2 连接在 str1 后面）；

（4）在主函数中输出两个初始字符串和连接后的字符串。

7. 编写函数 void delet(char * str, char ch)，删除字符串 str 中所有 ch 代表的字符，被删除后的其他字符依次向前移动。

要求：

在主函数中初始化字符数组，并输入字符 ch，输出原字符数组及删除结果。

例如，初始化字符数组 str[30]="This is a test of C language."，输入字符 ch='o'，则删除之后的结果为"This is a test f C language."。

8. 编写函数 StrMid(char * str1, int m, int n, char * str2)。str1 为一个输入的字符串，函数把 str1 从第 m 个字符开始的 n 个字符复制到 str2 中。函数没有返回值。

要求:

(1) 在主函数 main()中读入 str1;调用函数 StrMid(str1,m,n,str2)后输出 str2 的结果(m 从 0 开始计数)。

例如,输入 str1 为"goodmorning",m 为 1,n 为 3,调用函数 StrMid(str1,m,n,str2)后 str2 为"ood"。

(2) 如从 m 开始,剩余不到 n 个字符,则取到字符串结束处。

9. 说反话:输入一句英语,编写函数 print_reverse(char * s),利用指针将句中所有单词的顺序颠倒输出。输入字符串由若干单词组成,假设其中单词是由英文字母组成的字符串,单词之间用 1 个空格分开,输入保证句子末尾没有多余的空格,也没有标点符号。

要求:

(1) 在主函数 main()中读入字符串,调用 print_reverse()函数输出结果;

(2) 函数中可修改参数字符串的内容。

10. 编写一个用户界面程序,界面上、下(各代表一人)各随机显示两张扑克牌(52 张,不包括两个王),并在中间显示比较结果(上方胜,下方胜,平局)。

要求:

(1) 牌的大小不分花色,由小到大分别为 2、3、4、5、6、7、8、9、10、J、Q、K、A。

(2) 牌型如下。"对"指两张同牌值的牌,如一个黑桃 2 和一个梅花 2;"同色"指两张牌花色相同;"单张"指两张牌牌值和花色都不相同。

(3) 比较大小的规则:对>同色>单张。若都是单张则比较值大的牌,如果值大的牌相等再比较值小的牌。

实验 8 结 构 体

8.1 实验目的

(1) 掌握结构体类型变量的定义和使用；

(2) 掌握结构体类型数组的概念和使用；

(3) 掌握链表的概念，初步学会对链表进行操作；

(4) 掌握共用体的概念与使用。

8.2 实验指导

本实验指导中编写两个程序，程序的要求和目标如下。

(1) 编写程序，利用结构体数组存放学生的学习成绩，掌握结构体类型变量的定义和使用，理解结构体指针变量的用法。

(2) 编写简单的共用体变量程序，加深理解共用体变量的作用和使用方法。

1. 输入 5 个学生的数据记录，包括学号、姓名和数学、英语、计算机 3 门课的成绩，计算并输出总分最高的学生信息(包括学号、姓名、3 门课的成绩和总分)。

程序代码如下：

```
#include<stdio.h>
int main()
{
    struct student
    {
        char snum[8];
        char name[10];
        int math;
        int english;
        int computer;
    };
    struct student stu[5];
    int i, m;
    int max=0;
    for (i=0; i<5; i++)
    {
```

```
    scanf("%s%s%d%d%d", &stu[i].snum, &stu[i].name, &stu[i].math,
        &stu[i].english, &stu[i].computer);
    }
    for (i=0; i<5; i++)
    {
        if ((stu[i].math+stu[i].english+stu[i].computer)>max)
        {
            max=stu[i].math+stu[i].english+stu[i].computer;
            m=i;
        }
    }
    printf("The student info: %s %s %d %d %d %d\n", stu[m].snum,
        stu[m].name, stu[m].math, stu[m].english, stu[m].computer, max);
    return 0;
}
```

分析：

（1）算法分析：先定义一个 student 结构体类型，再定义结构体数组，从键盘中输入学生信息到结构体数组中，然后通过循环确定总分最高的学生在结构体数组中的位置，最后输出学生信息。

（2）编译程序，直到程序无错误。

（3）运行程序，输入学生信息，如：

```
20161101 Alex 87 67 73<回车>
20161102 John 92 78 71<回车>
20161103 Marry 66 87 93<回车>
20161104 Tom 81 58 79<回车>
20161105 Jane 83 76 79<回车>
```

（4）查看运行结果如下：

```
The student info: 20161103 Marry 66 87 93 246
```

（5）输入其他值，验证程序的正确性。

使用结构体指针访问结构体变量的值编程时更为常用，下面使用结构体指针存储总分最高学生的结构体地址，修改后的程序源代码请扫描左侧二维码查看。

源代码

2. 从键盘读入不同类型的数据（int、long、float、char 和 double），存储到一个共用体变量中，并输出该值。

程序代码如下：

```
#include<stdio.h>
void main()
{
    int type;
    union variant
    {
```

```
        int i;
        long l;
        float f;
        char c;
        double d;
    };
    union variant var;
    printf("Input the data type (1-integer 2-long 3-float 4-char 5-double):");
    scanf("%d",&type);
    printf("Input the value:");
    switch (type)
    {
    case 1:
        scanf("%d",&(var.i));
        printf("the data type is int, and the value is %d\n", var.i);
        break;
    case 2:
        scanf("%ld",&(var.l));
        printf("the data type is long, and the value is %ld\n", var.l);
        break;
    case 3:
        scanf("%f",&(var.f));
        printf("the data type is float, and the value is %f\n", var.f);
        break;
    case 4:
        getchar(); //吃掉"scanf("%d",&type);"那一行的回车符
        scanf("%c",&(var.c));
        printf("the data type is char, and the value is %c\n", var.c);
        break;
    case 5:
        scanf("%lf",&(var.d));
        printf("the data type is double, and the value is %lf\n", var.d);
        break;
    default:
        printf("Wrong data type!\n");
    }
    printf("%d,%ld,%f,%c,%lf\n",var.i,var.l,var.f,var.c,var.d);
}
```

分析：

（1）算法分析：共用体可以视为一个自定义数据类型，它与结构体类型类似，也由成员变量组成，但与结构体类型不同的是，它的所有成员变量占用同一段内存空间，因此，共用体变量在同一时间点只能存储某一个成员变量的值。在输入和输出时，需要采用一个整型变量标记所操作数据的类型，针对不同类型确定格式转换说明符，保证数据操作的正确性。

（2）编译程序，直到程序无错误。

（3）运行程序，输入数据，如输入：

1<回车>
65<回车>

运行结果如下：

```
the data type is int, and the value is 65
65,65,0.000000,A,0.000000
```

如输入：

```
3<回车>
65<回车>
```

运行结果如下：

```
the data type is float, and the value is 65.000000
1115815936,1115815936,65.000000,
```

(4) 输入其他值,验证程序的正确性。

8.3 实验内容

1. 输入某天的日期,计算该天在给定年份中是第几天。

要求：

(1) 定义包含年、月、日信息的结构体类型；

(2) 利用 scanf()函数输入年、月、日的值；

(3) 输出日期以及该日期是给定年份中的第几天；

(4) 需要对闰年做判定。

2. 在一个结构体数组中,存有 3 个人的姓名和年龄,输出三人中年龄居中者的姓名和年龄。

要求：

(1) 3 个人的数据采用直接初始化方式赋值；

(2) 利用结构体指针实现处理过程。

3. 输入 5 名学生的学号、姓名和 3 门课程(Programming、Database、Network)的成绩,存入一个结构体数组中；编写 sumScore()函数,其功能是计算学生 3 门课的总成绩,并存储到结构体数组中；在主函数中输入学生信息,调用 sumScore()函数,并输出学生的学号、姓名和总成绩信息。

要求：

(1) 定义结构体类型,包括变量 int snum,char name[],int score[],int sum,分别表示学生的学号、姓名、成绩数组和总成绩；

(2) 在主函数中输入学生的学号、姓名和 3 门课成绩；

(3) 调用 sumScore()函数,计算学生的总成绩,存入结构体数组的 sum 变量中；

(4) 在主函数中输出每个学生的学号、姓名和总成绩信息。

4. 在第 3 题的基础上,添加 sort()函数,参数为结构体数组指针和数组中有效元素个数,该函数对该结构体数组按总成绩由高到低进行排序。

要求:

(1) 按总成绩由高到低进行排序,如总成绩相同,按学号由小到大排序;

(2) 在主函数中调用 sort()函数后,输出排序后的结构体数组的所有信息。

5. 建立一个学生数据链表,每个节点信息包括如下内容:学号、姓名、性别、班级和专业。对该链表作如下处理。

要求:

(1) 利用结构体类型组织链表;

(2) 用 add()函数建立一个新节点,并将其存放于链表中;

(3) 由于节点数目不确定,建立新节点时应使用内存申请函数;

(4) show()函数输出链表中的所有节点。

6. 对上述该链表作如下处理。

(1) 输入一个学号,如果链表中的节点中包含该学号,则将此节点删去;

(2) 输入一个专业,删除链表中包含该专业的所有节点。

要求:

(1) 学号和专业信息由 scanf()函数从键盘输入;

(2) 删除链表节点后注意释放其所占用内存;

(3) 删除链表中包含某个专业的所有节点的函数,返回值为删除节点的个数。

7. 编写一个程序,输入 n 个用户的姓名和电话号码,按照用户姓名的词典顺序排列输出用户的姓名和电话号码。

要求:

(1) 定义结构体类型,包含姓名和电话号码变量;

(2) 姓名和电话号码初始信息由键盘输入,姓名变量长度最多含 10 个字符,电话号码变量最多含 11 个字符;

(3) 输出姓名、电话字段,各占 12 个字符。

8. 某企业职工工资条具有如下信息。

a. 职工工号;　　　 b. 职工姓名;　　　 c. 职工基本工资;　　 d. 职工岗位工资;　　 e. 职工奖金;

f. 职工医疗保险;　 g. 职工公积金;　　 h. 税金;　　　　　　 i. 职工实发工资。

编写一个程序,初始化 10 位职工的前 8 项信息,计算这 10 位职工的实发工资。

要求:

(1) 定义结构体类型,内容包含工资条的所有信息变量;

(2) 输出职工工资条中的信息和计算后的实发工资。

9. 位图 BMP 文件的文件头格式如表 2-8-1 所示。

表 2-8-1　位图 BMP 文件的文件头格式

偏移量	域　　名	大小(bytes)	内　　容
00H	文件标识	2	BM
02H	文件大小	4	整个文件占用的字节

续表

偏移量	域　　名	大小(bytes)	内　　容
06H	保留	4	必须设置为 0
0AH	Bitmap Data Offset	4	从文件开始到位图实际数据开始之间的偏移量
0EH	Bitmap Header Size	4	位图信息头长度
12H	Width	4	位图宽度,单位为像素
16H	Height	4	位图高度,单位为像素
1AH	Planes	2	位图的位面数,总数为 1

试编写一个函数,输入参数为某个 BMP 位图文件头格式的结构体指针,输出该位图文件的大小和宽度、高度信息。

要求:

(1) 设计一个结构体表示上述结构并初始化;

(2) 在定义的函数中输出位图文件的大小和宽度、高度信息。

实验 9　预编译和宏定义

9.1　实验目的

（1）掌握宏定义的定义格式和使用方法，区别无参数宏与带参数宏；

（2）掌握预编译的具体形式以及使用方法。

9.2　实验指导

本实验指导将编写两个程序，实验的要求和目标如下。

（1）编写程序，定义一个计算圆面积的带参数的宏。在程序中计算半径从 1 到 10 的圆面积，并输出结果。熟悉宏定义 #define 命令的书写格式，宏定义的使用语法。

（2）编写预编译程序，实现源程序文件的组织。熟悉 #include 命令的语法形式，练习 #include 命令的使用格式。

1. 定义一个计算圆面积的带参数的宏。在程序中计算半径从 1 到 10 的圆面积，并输出结果

要求：

（1）PI 值通过无参数宏方式赋值，精确到小数点后六位；

（2）分行输出半径的值和圆的面积。

程序代码如下：

```
#include<stdio.h>
#define PI 3.1415926
#define S(r) PI*r*r
int main()
{
    int i;
    double area;
    for (i=1;i<=10;i++)
    {
        area=S(i);
        printf("%2d %10.6f\n", i, area);
    }
    return 0;
}
```

分析：

（1）算法分析：计算圆面积的方法，按照公式 S＝PI＊r＊r 计算。

（2）无参数宏定义的格式为 ♯define PI 3.1415926，♯define 表示宏定义的语法，通过宏定义命令，PI 的值就是 3.1415926。

（3）有参数宏定义的格式为 ♯define S(r) PI＊r＊r，♯define 表示宏定义的语法，其中 r 是 S(r) 的参数，宏定义的表达式是 PI＊r＊r，因此，S(r) 表示的是 PI＊r＊r。

（4）area＝S(r) 语句利用了有参数宏定义的方法，相当于 area＝PI＊r＊r。

（5）编译程序，直到没有错误，程序中已经对 i 值从 1 到 10 进行赋值，直接观察程序运行结果。观察程序分行格式和每行的数据输出格式。

2. 编写预编译程序，使用♯include 命令实现多个源程序文件的组织

分别编写 3 个程序文件，文件名分别命名为 1.c、2.c 和 3.c。

文件名称为 1.c 的程序代码如下：

```c
#include<stdio.h>
#include "2.c"
#include "3.c"
int main()
{
    int x,y,smax,smin;
    scanf("%d%d",&x,&y);
    smax=max(x,y);
    smin=min(x,y);
    printf("max=%d,min=%d\n", smax, smin);
    return 0;
}
```

文件名称为 2.c 的程序代码如下：

```c
int max(int a, int b)
{
    return (a>b? a:b);
}
```

文件名称为 3.c 的程序代码如下：

```c
int min(int a, int b)
{
    return (a<b? a:b);
}
```

分析：

（1）算法分析：程序的主体是针对两个数比较大小，并且把最大值和最小值打印到屏幕上。在 C 语言的编辑环境下分别生成 3 个 c 文件，文件名称分别是 1.c、2.c 和 3.c。

（2）文件 1.c 中通过预编译命令♯include "2.c" 和♯include "3.c" 把文件 2.c 和 3.c 组织起来。这里文件名使用双引号括起来的作用是查找当前文件夹下的文件 2.c 和 3.c，而使用

<＞的作用是查找软件系统 include 目录下的文件。

（3）文件 1.c 中 smax＝max(x,y)表示调用函数 max(x,y)得到最大值,smin＝min(x,y)表示调用函数 minx(x,y)得到最小值,最后应用 printf()函数输出结果到屏幕。

（4）文件 2.c 的程序主要定义输出最大值的比较函数 max(int a,int b),其中 a,b 分别表示函数的形式参数。在函数体中,使用 return 语句返回最大值到调用函数。

（5）文件 3.c 的程序主要定义输出最小值的比较函数 min(int a,int b),其中 a,b 分别表示函数的形式参数。在函数体中,使用 return 语句返回最小值到调用函数。

（6）编译程序,直到没有错误,按下面输入观察程序运行结果:

```
1 3<回车>
5 2<回车>
2017 2016<回车>
100 -2<回车>
-100 6<回车>
```

尝试用其他的数据比较大小,验证程序的正确性。

9.3　实验内容

1. 编写程序:定义一个比较两个数大小的带参数的宏。在程序中输入两个数,并输出最大值和最小值。

要求:

（1）用♯define 命令来定义带参数的宏,实现程序要求;

（2）采用 scanf()函数输入两个数。

2. 编写程序:定义一个加法和减法运算带参数的宏。在程序中输入两个数,并输出此两数的和值、差值的结果。

要求:

（1）用♯define 命令来定义带参数的宏,实现程序要求;

（2）采用 scanf()函数输入两个数。

3. 编写程序:定义一个带参数的宏。在程序中输入一个数,通过条件判断是否为整数,输出此判断结果。

要求:

（1）用♯define 命令来定义带参数的宏,实现输入数是非负整数(≥0)的判断条件;

（2）采用 scanf()函数输入数;

（3）循环语句使用 do…while 实现。

4. 编写程序:定义一个带参数的宏。在程序中输入一个数,通过条件判断奇偶性,输出此判断结果。

要求:

（1）用♯define 命令来定义带参数的宏,实现程序要求;

（2）采用 scanf()函数输入数。

5. 编写程序：输入全班 20 个同学的 C 语言成绩,计算出最高分同学的成绩,并计算出全班 C 语言成绩的平均分。

要求：

(1) 用♯define 命令来定义无参数的宏 COUNT,实现整数常量 20 的替代；

(2) 实现数组的初始化。

6. 编写两个程序文件,文件分别命名为 1.c 和 2.c,实现给出任意 3 个数的从小到大排序,输出 3 个由小到大的数。

要求：

(1) 用预编译方法来实现程序要求；

(2) 文件 1.c 中使用♯include 命令把文件 2.c 组织起来；

(3) 文件 2.c 中编写函数,实现 3 个数由小到大的排序过程。

实验 10　文　　件

10.1　实验目的

(1) 掌握文件以及缓冲文件系统、文件指针的概念；

(2) 学会使用打开、关闭、读、写等文件操作函数；

(3) 学会用缓冲文件系统对文件进行简单操作。

10.2　实验指导

本实验指导中将编写两个程序，实验的要求和目标如下。

(1) 编写程序，将一个文件中的内容复制到另一个文件中。熟悉文件打开和关闭操作的 C 语言库函数。熟悉源文件和目标文件的概念。熟悉文件复制的库函数操作。

(2) 编写程序，以二进制方式读写文件。熟悉 fopen() 函数中读写二进制文件的参数应用。熟悉文件读函数 fread()、文件写函数 fwrite() 的操作。

1. 编写程序，将一个文本文件中的内容复制到另一个文本文件中。

要求：

(1) 通过文件类型指针完成文件的复制；

(2) 考虑读写文件的错误处理。

程序代码如下：

```c
#include<stdio.h>
int main()
{
    FILE * in, * out;
    char infile[10],outfile[10];
    printf("Enter the infile name:");
    scanf("%s",infile);
    printf("Enter the outfile name:");
    scanf("%s",outfile);
    if((in=fopen(infile,"r"))==NULL)
    {
        printf("cannot open infile\n");
        exit(0);
    }
```

```
        if((out=fopen(outfile,"w"))==NULL)
        {
            printf("cannot open outfile\n");
            exit(0);
        }
        while(!feof(in))
            fputc(fgetc(in),out);
        fclose(in);
        fclose(out);
        return 0;
    }
```

分析：

(1) 算法分析：定义两个文件类型指针，分别指向源文件和目的文件，使用 fgetc()函数循环从源文件复制字符至目的文件，直至到达源文件末尾。

(2) main()函数主体，文件类型变量声明 FILE ＊in，表示定义文件结构体指针变量。char infile[10]表示声明字符数组变量 infile，定义长度为 10 个元素的字符数组。

(3) scanf("％s",infile)表示从键盘输入源文件名，存储在字符数组变量 infile 中。另外，在 scanf("％s",outfile)语句中表示从键盘输入目的文件名，存储在字符数组变量 outfile 中。

(4) fopen(infile,"r")函数作用是以只读方式打开文件，文件名为通过键盘输入的源文件名。参数"r"表示只读。if 语句的作用是对打开的文件进行条件判断，如果打开为空，输出不能打开文件的提示语句。fopen(outfile,"w")函数作用是以可写方式打开文件，其中参数"w"表示可写。

(5) while 循环语句用于判断文件指针是否指向文件尾，如果指针没有指向文件尾，执行 fputc()函数。fputc()函数的作用是将文件指针 in 的一个字符写入 out 表示的目的文件中。

(6) fclose()函数表示关闭数据流，释放文件指针。

(7) 编译程序，直到没有错误，首先在当前文件夹下生成两个文本文件 sorc.txt 和 dest.txt，在 sorc.txt 文件中输入相关文字。程序运行界面输入源文本文件 sorc.txt，再输入目的文本文件 dest.txt。直接观察程序运行结果。

```
Enter the infile name: sorc.txt<回车>
Enter the outfile name: dest.txt<回车>
```

(8) 打开并观察当前文件夹下 dest.txt 中内容，与 sorc.txt 文本文件中的内容完全相同。

2. 编写程序，以二进制方式读写文件，将一个文件中的内容复制到另一个文件中。

要求：

(1) 熟悉 fopen()函数读写二进制模式的参数使用方法；

(2) 学习 fread()函数和 fwrite()函数的使用方法。

程序代码如下：

```
#include<stdio.h>
#include<stdlib.h>
#define MAXLEN 1024

int main(int argc, char * argv[])
{
    FILE * outfile, * infile;
    unsigned char buf[MAXLEN];
    int rc;

    if(argc<3)
    {
        printf("usage: %s %s\n", argv[0], "infile outfile");
        exit(1);
    }

    outfile = fopen(argv[2], "wb" );
    infile = fopen(argv[1], "rb");

    if( outfile == NULL || infile == NULL)
    {
        printf("%s, %s",argv[1],"not exit\n");
        exit(1);
    }

    while((rc = fread(buf,sizeof(unsigned char), MAXLEN,infile))!= 0)
    {
        fwrite(buf, sizeof(unsigned char), rc, outfile);
    }
    fclose(infile);
    fclose(outfile);
    system("PAUSE");
    return 0;
}
```

分析：

（1）算法分析：定义两个文件类型指针，分别指向输入文件和输出文件，fopen()函数构建二进制文件类型，其中输入文件为二进制读文件，输出文件为二进制写文件；通过循环过程，使用 fread()和 fwrite()两个函数将数据写入二进制文件中。

（2）main()函数主体为 int main(int argc, char * argv[])，表示程序生成可执行文件（即.exe 文件），在操作系统命令提示符环境，操作文件的读写。argc 表示命令行总的参数个数，char * argv[]表示数组里每个元素代表一个参数，这里具体指二进制输入文件名和二进制输出文件名。

（3）文件类型变量声明为 FILE * infile, * outfile，表示输入和输出文件的结构体指针变量。unsigned char buf[MAXLEN]表示预存放读取进来的数据空间，其中空间的大小通过宏定义 #define MAXLEN 1024 实现。

（4）fopen(argv[2], "wb")函数作用是打开只写二进制文件，agrv[2]数组元素内容是操作系统命令行的输出文件名,参数 wb 表示只写二进制文件。fopen(argv[1], "rb")函数作用是打开只读二进制文件,agrv[1]数组元素内容是操作系统命令行的输入文件名,参数 rb 表示只读二进制文件。if 语句的作用是对打开的输入和输出文件进行条件判断,如果打开为空,提示文件不存在。

(5) while 循环语句用于判断读出文件内容是否为 0,判断条件是由 fread()函数读取二进制文件内容返回的结果,满足条件执行循环体。fread()函数的参数解释如下。其包含 4 个参数:buf、sizeof(unsigned char)、MAXLEN、infile。其中,参数 buf 表示存放读取数据的数组空间,参数 sizeof(unsigned char)表示读取每个数据项的字节数,参数 MAXLEN 表示要读取的数据项数,参数 infile 表示输入数据流的文件指针。fwite()函数包含 4 个参数:buf、sizeof(unsigned char)、rc、outfile,参数 buf 表示获取数据的地址,参数 rc 表示要写入数据项的个数,参数 outfile 表示输出数据流的文件指针,参数 sizeof(unsigned char)表示的意思同上。

(6) fclose()函数表示关闭数据流,释放输入文件指针和输出文件指针。

(7) 编译程序,直到没有错误。首先在执行程序的当前文件夹(..\debug)下生成 1.txt 文本文件,在操作系统中打开 1.txt 文件,输入相关文字内容。在 Windows 操作系统的"开始"→"运行"输入框中,输入命令 cmd,切换到操作系统命令提示符界面。在此界面,输入命令进入可执行程序的路径下,输入命令直接观察程序运行结果。

```
执行文件名.exe^1.txt^2.txt<回车>
请按任意键继续…
```

(8) 打开并观察当前文件夹下生成了一个目的文件 2.txt,内容与文本文件 1.txt 中的内容完全相同。

10.3　实验内容

1. 编写程序:从键盘输入 10 个元素的一维整型数组,找出数组元素的最大值和最小值并输出。将初始的数组数据和求得的最大值、最小值数据存放在 data.txt 文件中。

要求:

(1) 使用 scanf()输入 10 个数据,并在屏幕上输出初始数组和求得的最大值、最小值;

(2) 使用 fprintf()函数输出数据文件。

2. 编写程序:有 n 名学生,每名学生有 5 门课的成绩,从键盘输入以下数据(包括学号、姓名、5 门课成绩),将输入的数据存放在 student.txt 文件中。

要求:

(1) 每名学生的学号、姓名和五门课成绩格式输出如下。

```
学号：   20171001
姓名：   Wang
高数：   83
```

```
C语言：     92
英语：      67
实习：      89
创新：      90
```

（2）在屏幕上输出 3 名学生的数据信息；

（3）使用 fprintf() 函数将各学生的数据输出到 student.txt 文件。

3. 编写程序：将一个文本文件的内容附加到另一个文本文件数据的结尾，原有文件的文本数据保留。

要求：

（1）使用 scanf() 函数，源文件命名为 source.txt，目的文件命名为 dest.txt；

（2）屏幕打印出提示源文件和目的文件提示语句。

4. 编写程序：以二进制方式读写文件，将一个文件的内容追加到另一个文件中去。

要求：

（1）使用 scanf() 函数，源文件命名为 source.txt，目的文件命名为 dest.txt；

（2）使用 fread() 函数和 fwrite() 函数完成文件读写。

5. 编写程序将一个指定文件中某一字符串替换为另一个字符串。注意：被替换字符串若有多个，均要被替换，从控制台输入两行字符串（不含空格），分别表示被替换的字符串和替换字符串，将替换后的结果输出到文件 fileout.txt 中。

要求：

（1）替换前，原始字符串内容保存在文件 filein.txt 中；

（2）使用 fgetc() 函数和 fputc() 函数，分别输入和输出文件的字符内容。

6. 编写程序：有 5 名学生，每名学生有 3 门课的成绩，从键盘输入以下数据（包括学号、姓名、数学成绩、C 语言成绩、英语成绩），计算平均成绩，将原有数据和平均分存放在 stuinfo.txt 文件中。

要求：

（1）编写子函数计算学生平均成绩，保留一位小数；

（2）stuinfo.txt 文件中保存每名学生的学号、姓名、3 门课成绩和平均成绩。

7. 编写程序：输入一行字符串，含有数字和非数字字符以及空格等，如 df23adfd56 2343?23dgjop535，如果将其中所有连续出现的数字视为一个整数，要求统计在该字符串中共有多少个整数。

要求：

（1）编写子函数，区分连续数字并统计整数个数；

（2）原始数据保存在文件 trans.in 中，区分的整数和统计结果保存在文件 trans.out 中。

8. 平方平均数，又称为均方根，是信号分析中的一个重要度量指标，用符号 RMS 表示。例如，220V 交流电，就是指交流电的电压信号的均方根是 220V。它的计算方法是先平方，再平均，然后开方。对于由 N 个数值组成的序列 $(X_1, X_2, X_3, \cdots, X_n)$，则其均方根可以表示为 RMS＝sqrt$((X_1^2 + X_2^2 + \cdots + X_n^2)/N)$，现有一个随机信号，按时间顺序记录在一个 txt 文件中，请编程计算出这个信号的均方根。

要求：

(1) 随机信号范围在 100～300，随机生成 20 个整数；

(2) 读取文件 signal.txt 中的随机数，屏幕输出计算后的平方平均数。

9. 在一个 txt 文件中记录了某电站在 8 周内的功率输出值。该数据文件的每行都包含 7 个值，代表一周中每天的功率输出。计算这段时间 8 周内第 1 天的平均功率、第 2 天的平均功率等，分别输出到屏幕。

要求：

(1) 随机定义 8 周内每天的功率值，并按行保存在 power.txt 文档中；

(2) 读取文件 power.txt 中的每周功率值，屏幕输出文件中的原始数据记录，并输出计算后的每天平均功率。

实验 11　程序设计思想及范例

11.1　实验目的

（1）掌握工程问题的求解方法及程序分析；

（2）掌握程序的算法流程设计；

（3）学习基本的程序设计策略；

（4）学习算法的编程实现。

11.2　实验指导

本实验指导将编写两个程序，实验的要求和目标如下：

（1）编写程序，对于核泄漏后环境污染问题，编写程序输出每隔 8 天的辐射浓度，直到辐射浓度达到最低标准。分析问题求解的算法，画出流程图，熟悉按标准命名方法定义变量的方法。

（2）编写程序，实现归并排序算法。针对问题开展数学原理和程序算法分析。使用 #define 宏定义。学习子函数定义模块化的设计思想。熟悉规范化的函数和变量定义。掌握文件头和函数定义的规范注释。

1. 环境污染问题：某国核泄漏后，我国某城市检测到空气中含有放射性碘-131，浓度为 7.93×10^{-4} 贝克/立方米。碘-131 的半衰期为 8 天，即辐射强度为 8 天前的一半。假设不会再有新的碘-131 通过大气扩散进来，编写程序输出每隔 8 天的辐射浓度，直到辐射浓度达到低于 1.0×10^{-6} 贝克/立方米为止。

要求：

（1）分析问题求解的算法，画出流程图；

（2）按标准命名方法定义变量；

（3）编程计算达到最低辐射浓度的天数，输出每隔 8 天的辐射浓度。

算法的流程图如图 2-11-1 所示。

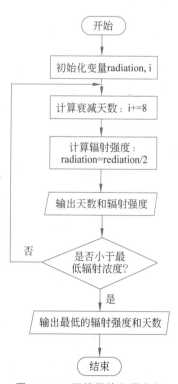

图 2-11-1　环境污染问题分析
算法流程图

程序代码如下：

```
/*
 * 函数名:main 主函数
 * 功能:核泄漏过程辐射强度和天数的计算
 * 输入:radiation 初始辐射浓度值
 * 输出:辐射强度和天数
 * 返回值:无
 */

#include<stdio.h>
int main()
{
    double radiation = 793.0;
    int i = 0;
    printf("第%d天的辐射浓度为:%lf * 10⁻⁶贝克/立方米\n", i, radiation);
    do
    {
        i+=8;
        radiation = radiation / 2;
        printf("第%d天的辐射浓度为:%lf * 10⁻⁶贝克/立方米\n", i, radiation);
    }while(radiation > 1.0);
    printf("达到的最低辐射浓度为:%lf * 10⁻⁶贝克/立方米\n", radiation);
    printf("达到最低辐射浓度的天数为:%d天\n", i);
    return 0;
}
```

分析：

（1）对于工程问题的分析，常用的思路是首先建立相应的数学模型或公式，其次根据问题特点分析算法并画出流程图，最后进行变量和函数声明，编写程序。

（2）算法分析：由碘-131 的衰减而减半的辐射强度公式描述是问题关键，即辐射浓度 8 天衰减一半，使用迭代算法进行求解，考虑最低辐射浓度的条件，程序适合采用 do…while 循环判断的结构。

（3）声明 double 为双精度小数，变量 radiation 表示辐射，初始化浓度值。

（4）用 do…while 循环结构计算辐射减半的浓度变化，递增步长 8，终止条件描述为，不满足 radiation>1，程序终止运行。

（5）编译程序，直到没有错误。

（6）直接观察程序运行结果。观察程序分行格式和每行的数据输出格式。

```
第 0 天的辐射浓度为:793.000000 * 10⁻⁶贝克/立方米
第 8 天的辐射浓度为:396.500000 * 10⁻⁶贝克/立方米
第 16 天的辐射浓度为:198.250000 * 10⁻⁶贝克/立方米
第 24 天的辐射浓度为:99.125000 * 10⁻⁶贝克/立方米
第 32 天的辐射浓度为:49.562500 * 10⁻⁶贝克/立方米
第 40 天的辐射浓度为:24.781250 * 10⁻⁶贝克/立方米
第 48 天的辐射浓度为:12.390625 * 10⁻⁶贝克/立方米
第 56 天的辐射浓度为:6.195313 * 10⁻⁶贝克/立方米
```

第 64 天的辐射浓度为：$3.097656 * 10^{-6}$ 贝克/立方米
第 72 天的辐射浓度为：$1.548828 * 10^{-6}$ 贝克/立方米
第 80 天的辐射浓度为：$0.774414 * 10^{-6}$ 贝克/立方米
达到的最低辐射浓度为：$0.774414 * 10^{-6}$ 贝克/立方米
达到最低辐射浓度的天数为：80 天

2. 排序计算问题：归并排序算法具有高效、快速运行的优点，广泛应用于移动端设备的软件应用界面（如百度地图路径优化、购物网站商品排序等）的后台管理程序模块，分析归并排序算法的代码实现过程。

要求：

（1）针对问题开展程序算法分析；

（2）子函数定义具有模块化的设计思想；

（3）函数和变量定义要规范化；

（4）文件头和函数定义要有规范注释。

程序代码如下：

```c
/* 归并排序算法 */
#include<stdio.h>
#include<stdlib.h>

/*
* 函数名:Merge
* 功能:数组元素排序归并计算过程
* 输入:sourceArr 初始数组
       tempArr 临时数组
       startIndex 数组起始索引
       endIndex 数组终止索引
* 输出:排序后的数组
* 返回值:无
*/
void Merge(int sourceArr[], int tempArr[], int startIndex, int midIndex, int
endIndex)
{
    //i是排序数组起始索引
    //j是排序数组分割界起始索引
    int i = startIndex, j=midIndex+1, k = startIndex;

    //选出小数值元素放到临时数组
    while(i!=midIndex+1 && j!=endIndex+1)    //比较的边界控制条件
    {
        if(sourceArr[i]>sourceArr[j])
            tempArr[k++] = sourceArr[j++];    //k是 tempArr 数组的索引
        else
            tempArr[k++] = sourceArr[i++];
    }
    while(i != midIndex+1)
        tempArr[k++] = sourceArr[i++];
```

```c
        while(j != endIndex+1)
            tempArr[k++] = sourceArr[j++];

        //排序后的临时数组复制回原始数组
        for(i=startIndex; i<=endIndex; i++)
            sourceArr[i] = tempArr[i];
            }

/ *
 *  函数名:MergeSort
 *  功能:数组分割和归并计算调用
 *  输入:sourceArr 初始数组
          tempArr 临时数组
          startIndex 数组起始索引
          endIndex 数组终止索引
 *  输出:分割和排序归并序列
 *  返回值:无
 * /
//内部使用递归调用
void MergeSort(int sourceArr[], int tempArr[], int startIndex, int endIndex)
{
    int midIndex;
    if(startIndex<endIndex)
    {
        midIndex = (startIndex + endIndex) / 2;

        //递归调用
        //分割数组的前 1/2 段,1/4 段,直到单个元素
        MergeSort(sourceArr, tempArr, startIndex, midIndex);

        //分割数组的后 1/2 段,1/4 段,直到单个元素
        MergeSort(sourceArr, tempArr, midIndex+1, endIndex);

        //合并运算,通过有序数组元素数值比较,存放临时数组
        Merge(sourceArr, tempArr, startIndex, midIndex, endIndex);
    }
}

int main(int argc, char * argv[])
{
    int dataArr[8] = {50, 10, 20, 30, 70, 40, 80, 60};
    int i, temp[8];
    printf("原始数组为:\t");
    for(i=0; i<8; i++)
        printf("%d ", dataArr[i]);

    //调用归并排序函数
    MergeSort(dataArr, temp, 0, 7);

    //输出
```

```
    printf("\n 排序后的数组为:");
    for(i=0; i<8; i++)
        printf("%d ", dataArr[i]);
    printf("\n");
    return 0;
}
```

分析:

(1) 算法分析:归并排序是利用递归和分而治之的技术,将数据序列划分成为越来越小的半序列,直到不能划分为止,再对半序列排序,最后再用递归步骤,将排好序的半序列合并成为越来越大的有序序列,归并排序包括如下两个步骤。

① 划分子序列。划分子序列就是要将 n 个元素的序列划分为两个序列,再将两个序列划分为 4 个序列,依次划分下去,直到每个序列划分只有一个元素为止。

② 合并序列。即将两个有序序列归并成一个有序的序列过程:每次从两个序列开头元素选取较小的一个,直到某个序列到达结尾,再将另一个剩下部分顺序取出,如果将每个元素最后添加一个最大值,则无须判断是否达到序列尽头。

(2) 算法的头文件使用♯include 包含,可以采用<>和""两种形式中任意一种。

(3) 主函数 main()语句之前部分是对程序相关信息(函数名、功能、输入、输出、返回值)的说明,采用注释的形式;主程序中和子程序模块的关键算法进行功能注释。

(4) 定义子函数 Merge(),计算排序归并过程;定义子函数 MergeSort(),进行数组元素序列的分割和归并递归调用,其中递归调用 MergeSort()函数和调用 Merge()函数。

(5) 主函数采用 int main(int argc, char * argv[]),是规范的定义方式,返回值为 0;主程序调用子函数 MergeSort(),完成归并排序算法实现过程。

(6) 编译程序,直到没有错误,运行程序,初始数组的定义在程序主程序中声明完成,数组为: int dataArr[8] = {50, 10, 20, 30, 70, 40, 80, 60}。

(7) 查看运行结果如下。

```
原始数组为:    50 10 20 30 70 40 80 60
排序后的数组为:10 20 30 40 50 60 70 80
Press any key to continue
```

(8) 修改程序中的值,验证程序结果以及程序的正确性。

11.3　实验内容

1. 手机基站的信号覆盖范围通常是一个圆形,一般基站的覆盖半径不大于 35km,以某基站为原点,建立一个坐标系,给定坐标系中任意一点的坐标值(x,y),判断该点是否在该基站的信号覆盖范围内。

要求:

(1) 分析工程问题,建立数学模型,画出问题求解的流程图;

（2）变量定义符合标准的命名法；

（3）声明的变量为双精度类型，使用 if…else 判断语句；

（4）分别使用 scanf 和 printf 语句作为输入和输出；

（5）使用规范的注释方式。

2. 探空气球用来收集大气中不同高度的温度和压力数据。当气球上升时，周围空气的密度会变小，因此气球上升速度会减缓，直到达到一个平衡点。在白天，太阳会使气球内充的氢气或者氦气受热膨胀而使气球上升至更高的高度，而夜间平衡点高度会下降。平衡点高度与时间（48 小时内）的关系满足一个多项式方程 $H(t) = -0.12t^4 + 12t^3 - 380t^2 + 4100t + 220$，高度单位为米，同时，探空气球的速度在 48 小时内也满足另一多项式方程 $V(t) = -0.48t^3 + 36t^2 - 760t + 4100$，速度单位为米/秒，编写程序计算 48 小时内，每个整点时刻探空气球的速度和高度。

要求：

（1）分析工程问题，建立数学模型；

（2）画出问题求解的流程图；

（3）变量的定义符合标准的命名法；

（4）使用循环语句计算 48 小时内的探空气球的速度和高度；

（5）使用规范的注释方式。

3. 编写程序，计算炮弹在水平方向上到达某处时飞行的持续时间以及距离地面的高度。提示用户输入 3 个参量：炮弹发射仰角（弧度）、水平距离（m）、炮弹速度（m/s）；输出显示炮弹飞行时间和垂直高度。

常量：$g = 9.8 \text{m/s}^2$

公式如下：

$$time = \frac{distance}{velocity \times \cos(\theta)}$$

$$height = velocity \times \sin(\theta) \times time - \frac{1}{2}gt^2$$

要求：

（1）分析工程问题，建立数学模型；

（2）画出问题求解的流程图；

（3）变量的定义符合标准的命名法；

（4）使用输出语句进行提示，分别使用 scanf 和 printf 语句作为输入和输出；

（5）使用子函数定义数学公式，在主函数中调用；

（6）使用规范的注释方式。

4. 氨基酸是构成生物体蛋白质并同生命活动有关的最基本的物质，是在生物体内构成蛋白质分子的基本单位，与生物的生命活动有着密切的关系。它在抗体内具有特殊的生理功能，是生物体内不可缺少的营养成分之一。氨基酸分子由氧原子、碳原子、氮原子、硫原子、氢原子等组成，各原子的原子量如表 2-11-1 所示。

表 2-11-1 各原子的原子量

原 子	原 子 量
氧	16
碳	12
氮	14
硫	32
氢	1

在自然界中共有 300 多种氨基酸,其中 α-氨基酸 20 种。表 2-11-2 列出了常见的 20 种氨基酸及含有各种原子的数量,根据这些信息,计算出每种氨基酸的原子量。

要求:

(1) 分析工程问题,建立数学模型;

(2) 画出问题求解的流程图;

(3) 变量的定义符合标准的命名法;

(4) 使用数组和循环结构求解问题;

(5) 使用规范的注释方式。

表 2-11-2 常见的 20 种氨基酸及含有各种原子的数量

名 称	氧原子数量	碳原子数量	氮原子数量	硫原子数量	氢原子数量
丙氨酸	2	3	1	0	7
精氨酸	2	6	4	0	15
天冬氨酸	4	4	1	0	6
半胱氨酸	2	3	1	1	7
谷氨酰胺	3	0	2	0	10
谷氨酸	4	5	1	0	8
组氨酸	2	6	3	0	10
异亮氨酸	2	6	1	0	13
甘氨酸	2	2	1	0	5
天冬酰胺	3	4	2	0	8
亮氨酸	2	6	1	0	13
赖氨酸	2	6	2	0	15
甲硫氨酸	2	5	1	1	11
苯丙氨酸	2	9	1	0	11
脯氨酸	2	5	1	0	10
丝氨酸	3	3	1	0	7
苏氨酸	3	4	1	0	9

名　　称	氧原子数量	碳原子数量	氮原子数量	硫原子数量	氢原子数量
色氨酸	2	11	2	0	11
酪氨酸	3	9	1	0	11
缬氨酸	2	5	1	0	11

5. 编写程序,求解运动学计算问题:当飞机或汽车在空气中运动时,必须克服阻止它们运动的力,这就是空气阻力,表示为:

$$F = \frac{1}{2} \text{CD} \times A \times \rho \times V^2$$

这里 F 表示阻力(N),CD 表示空气阻力系数,A 表示飞机或汽车的正投影的面积(m^2),ρ 表示机身或车身所在的空气或流体密度(kg/m^3),V 表示飞机或汽车的速度。假设一个汽车在路面上行驶,$\rho = 1.23\text{kg/m}^3$,编写程序由用户输入 A 和 CD(一般为 0.2~0.5)的值,调用函数计算空气阻力,显示出速度在 0~20m/s 时的空气阻力。

要求:

(1) 针对问题开展数学原理和程序算法分析;

(2) 使用♯define 宏定义;

(3) 子函数定义具有模块化的设计思想;

(4) 函数和变量定义要规范化;

(5) 文件头和函数定义要有规范注释。

实验 12　面向对象程序设计

12.1　实验目的

(1) 掌握类的定义和使用；

(2) 掌握对象的声明；

(3) 学习具有不同访问属性的成员的访问方式；

(4) 学习定义和使用类的继承关系，定义派生类；

(5) 学习定义和使用虚函数。

12.2　实验指导

本实验指导中将编写两个程序，实验的要求和目标如下。

(1) 编写程序，初始化某学生的数据记录，包括学号、姓名和数学、英语、计算机 3 门课的成绩，计算并输出这个学生 3 门课的平均成绩和总成绩。熟悉类的定义和书写格式，熟悉 I/O 流插入操作符的使用语法。

(2) 编写图书馆借书、还书系统的学生基类和研究生派生类。熟悉基类和派生类的定义和书写格式，熟悉虚函数的使用语法。

1. 初始化某学生的数据记录，包括学号、姓名和数学、英语、计算机 3 门课的成绩，计算并输出这个学生 3 门课的平均成绩和总成绩。

要求：

(1) 定义学生类，包含学号、姓名和 3 门课的成绩信息；

(2) 使用类实例化对象计算平均成绩和总成绩；

(3) 使用 I/O 流插入操作符"<<"向 cout 输出流中插入学生的成绩信息。

程序代码如下：

```
#include<iostream>
#include<string>

using namespace std;                          //标准文件命名空间的定义
class Student
{
    public:
```

```
        string Id;                              //string 声明字符串变量
        string Name;
        double Score[3];                        //double 声明双精度变量
        double Average;
        double Sum;
    void Out()
    {
        cout<<"输出学号:"<<Id<<endl;
        cout<<"输出姓名:"<<Name<<endl;
        cout<<"输出 3 门课成绩:"
            <<Score[0]<<"\t"
            <<Score[1]<<"\t"
            <<Score[2]<<"\t"
            <<endl;
        }
};
int main()
{
    Student s;
    s.Id = "0901";
    s.Name = "Keroro";
    s.Score[0] = 95.0;
    s.Score[1] = 90.0;
    s.Score[2] = 85.0;
    s.Average = (s.Score[0] + s.Score[1] + s.Score[2]) / 3.0;
    s.Sum = s.Score[0] + s.Score[1] + s.Score[2];
    s.Out();
    cout<< "平均成绩为:" <<s.Average<<endl;        //C++输出流,类似于 printf()函数
    cout<< "总成绩为:" <<s.Sum<<endl;
    return 0;
}
```

分析:

(1) 算法分析:定义学生类,包含学号、姓名和课程数组成员变量,通过生成类的实例对象求出平均成绩和总成绩。

(2) C++ 控制流输入输出的头文件名称为 iostream.h,区别于 C 的 stdio.h 文件,iostream.h 文件可以省略扩展名,形式为♯include<iostream>。

(3) 使用 using namespace std 标准文件空间命名格式,用于避免标识符命名的冲突。

(4) 类的命名格式为 class 类名,如 class Student,本质上是 C 语言的面向对象的一种表述思想。类定义在函数外,作用域是全局的范围。

(5) public 的作用是类的成员变量、成员函数为公共变量,在任何函数中,包括 main() 函数,都可以直接访问类的公共成员变量和成员函数。

(6) 类可以拥有成员函数,区别于 C 语言的结构体。

(7) 类在主函数中的使用需要实例化,命令格式为 Student s。类的成员变量、成员函数引用形式为点形式,如 s.Id,s.Score[0],s.Out()等。

(8) 编译程序,直到没有错误,运行程序,查看运行结果如下:

```
输出学号:0901
输出姓名:Keroro
输出 3 门课成绩:95          90          85
平均成绩为:90
总成绩为:270
```

(9) 修改程序中 s.Score[0]、s.Score[1]、s.Score[2]的值,验证程序的正确性。

2. 编写图书馆借书、还书系统的学生基类和研究生派生类。其中,学生基类包括学号、姓名和借阅数量,研究生派生类继承学生基类。

要求:

(1) 定义学生类;

(2) 使用类的继承关系,定义派生类;

(3) 定义成员的访问属性,使用虚函数;

(4) 使用 I/O 流插入操作符"<<"向 cout 输出流中插入学生的借书、还书信息。

程序代码如下:

```cpp
#include<iostream.h>
#include<string.h>

class Student
{
  public:
    Student(char * sID="no ID",char * sName="no name")
    {
        strcpy(nID,sID);
        strcpy(Name,sName);
    }

    virtual SetBook()                      //定义学生借阅数量的虚函数
    {
        nBook=5;                           //学生正常可以借阅 5 本书
    }

    void display()
    {
        cout<<"学号:"<<nID<<"\t"
            <<"姓名:"<<Name<<"\t"
            <<"可借书:"<<nBook<<"本"<<endl;
    }

  protected:                               //保护的成员变量
    char nID[10];
    char Name[10];
    int nBook;
};

class GraduateStudent:public Student       //研究生类由学生类派生
```

```
{
  public:
    GraduateStudent(char * sID="no ID",char * sName="no name")
    {
        strcpy(nID,sID);
        strcpy(Name,sName);
    }
    virtual SetBook()                          //定义研究生借阅数量的虚函数
    {
        nBook=10;                              //研究生可以借阅 10 本书
    }
};

void fun(Student&sp)
{
    sp.SetBook();
}

int main()
{
    Student s("1000","Zhang");                 //初始化学生基类变量
    fun(s);

    GraduateStudentgs;                         //默认继承学生基类的初始值
    fun(gs);

    GraduateStudent gs1("3000","Jiao");        //初始化研究生类变量
    fun(gs1);

    s.display();
    gs.display();
    gs1.display();
    return 0;
}
```

分析:

(1) 算法分析:定义学生类,包含学号、姓名和借阅书数量的成员变量,定义借阅数量的虚函数,定义派生的研究生类,继承学生基类中的成员变量。

(2) class Student 类的定义中,Student(char * sID = "no ID",char * sName = "no name")表示类函数的初始化。

(3) virtual SetBook 是虚拟函数的定义,可以根据继承关系,执行不同的虚拟函数。

(4) class Student 类是基类,class GraduateStudent 是派生类,派生类与基类使用冒号分隔。派生类可以使用基类的公共成员变量。虚拟函数在基类和派生类中执行的语句不同,但虚拟函数名称可以相同。

(5) 主函数中 Student s("1000","Zhang")表示初始化基类初始值,GraduateStudent gs1("3000","Jiao")表示初始化派生类初始值。虚拟函数 fun(s)和 fun(gs1)执行的结果不同。

（6）运行程序,查看运行结果如下：

学号:1000	姓名:Zhang	可借书:5 本
学号:no ID	姓名:no name	可借书:10 本
学号:3000	姓名:Jiao	可借书:10 本

（7）修改程序中 Student s("1000","Zhang")、GraduateStudent gs1("3000","Jiao")、nBook 的值,验证程序结果以及程序的正确性。

12.3　实验内容

1. 编写程序。输入 5 个学生的数据记录,其中每个学生都包括学号、姓名和数学、英语、计算机 3 门课的成绩,编程计算并输出总分最高的学生信息,包括学号、姓名、3 门课的成绩和总分。

要求:

（1）使用♯define 宏定义;

（2）使用 I/O 流抽取操作符"＞＞"从 cin 输入流抽取学生的信息;

（3）定义学生类,包含学生的学号、姓名和 3 门课信息;

（4）使用面向对象模块化的设计思想。

2. 编写程序。定义一个日期类,包括计算闰年的成员函数和年、月、日成员变量,编程输入年、月、日数据判断闰年。

要求:

（1）使用 I/O 流抽取操作符"＞＞"从 cin 输入流抽取年份和月份的信息;

（2）对闰年情况进行考虑;

（3）日期类的定义中使用私有成员变量;

（4）使用 I/O 流插入操作符"＜＜"向 cout 输出流中插入年份、月份及对应的天数。

3. 编写程序。定义几何图形 Shape 类作为基类,在 Shape 类基础上派生出圆 Circle 类和矩形 Rectangle 类,两个派生类都通过函数 CalculateArea 计算面积。

要求:

（1）数据初始化函数的原型声明及成员变量放在 Shape 基类中;

（2）圆类 Circle 和矩形类 Rectangle 均由 Shape 类派生;

（3）在圆类 Circle 和矩形类 Rectangle 中,使用虚函数 CalculateArea 计算面积;

（4）分别定义成员变量为公有、包含和私有类型,查看编译和程序运行情况;

（5）在 Shape 基类中定义显示函数,并使用 I/O 流插入操作符"＜＜"向 cout 输出流中插入计算的面积结果。

4. 编写程序。定义人民币 RMB 类,在 RMB 类基础上派生出利息 Interest 类,计算和显示人民币活期和定期利息。

要求:

（1）人民币存款年利率(％)说明:

活期　　0.36；

定期：

三个月 1.91

半年　 2.20

一年　 2.50

二年　 3.25

三年　 3.85

五年　 4.20

（2）在 RMB 类中构造函数原型声明初始化本息和利息变量；

（3）键盘输入本金分别为人民币 10000 元、50000 元和 100000 元，计算利息；

（4）使用 I/O 流插入操作符"<<"向 cout 输出流中插入本金和利息信息。

5. 编写制作饮品的程序。定义饮品类 Drinking，在饮品类 Drinking 基础上派生出咖啡类 Coffee 和茶类 Tea，显示制作饮品的过程和结果。注意：制作饮品的流程为煮水→冲泡→倒入杯中→加入配料。

要求：

（1）制作饮品流程中煮水、冲泡、倒入杯中、加入配料的成员函数分别定义为 boiling()、brewing()、pouring()、addsth()；

（2）在 Drinking 类中构造函数原型声明初始化煮水、冲泡、倒入杯中、加入配料；

（3）制作饮品的每个流程步骤中，需要输出信息，例如，煮水流程中输出信息为"煮纯净水中"；

（4）使用 I/O 流插入操作符"<<"向 cout 输出制作咖啡和茶的信息。

实验 13 并行程序设计

13.1 实验目的

(1) 熟悉 MPI 的编程环境配置；
(2) 熟悉进程和消息传递函数的使用方法；
(3) 学习并行程序算法的设计。

13.2 实验指导

本实验指导中将编写两个程序，实验的要求和目标如下。

(1) 编写基本的并行 C/C++ 程序"Hello World"，在 CodeBlocks 环境中配置 MPI 编程环境。熟悉 MPI 软件开发包 MPICH2，熟悉多线程程序的运行过程；

(2) 编写并行程序，实现多线程的方式求解数学问题。熟悉操作系统多线程的概念，熟悉并行程序分步和分区间的概念。熟悉 MPI 相关函数的使用。

1. 在 CodeBlocks 环境中配置 MPI 编程环境，编写第一个并行 C++/C 程序"Hello World"。

要求：

(1) 配置操作系统为 Windows 11 平台；
(2) MPI 开发包为 MPICH2-1.4 版本；
(3) CodeBlocks IDE 编程环境为 17.12 版本；
(4) 编写 Hello World 多线程的并行程序。

C 程序代码如下：

```c
#include "mpi.h"
#include<stdio.h>
int main(int argc, char* argv[])
{
  int rank,numproces;
  int namelen;
  char processor_name[MPI_MAX_PROCESSOR_NAME];
  MPI_Init(&argc,&argv);
  MPI_Comm_rank(MPI_COMM_WORLD, &rank);           //获得进程号
  MPI_Comm_size(MPI_COMM_WORLD, &numproces);      //返回通信的进程数
```

```
    MPI_Get_processor_name(processor_name, &namelen);
    fprintf(stderr,"hello world! process %d of %d on %s\n", rank, numproces,
processor_name);
    MPI_Finalize();
    return 0;
}
```

C++程序代码如下:

```
#define MPICH_SKIP_MPICXX                        //避开由 mpicxx.h 导致的编译错误
#include "mpi.h"
#include<iostream>
using namespace std;
int main(int argc, char* argv[])
{
    MPI_Init(&argc, &argv);
    cout<<"Hello World!"<<endl;
    MPI_Finalize();
    return 0;
}
```

分析:

(1) 当前并行程序的实现平台使用最多的是开源软件包 MPICH 与 OpenMPI,MPICH 的开发与 MPI 规范的制定是同步进行的,因此 MPICH 最能反映 MPI 的变化和发展,下面以 MPICH 开源软件包开发并行程序为例进行讲解。

值得注意的是,MPICH 的开源软件开发包从 MPICH2-1.5 版本至最新版本推迟提供基于 Windows 平台运行的版本。微软(Microsoft)公司开发了基于 Windows 平台的 MS-MPI(Microsoft MPI),目前更新到 V8 版本(2017 年),微软基于开源 MPICH 向 Windows 的移植,实现了很多新的 MPI 特性,主要用在 HPC Pack。使用全套系统需要一个 Windows Server 系统的计算机作为头节点,实现了完整的管理功能。不过 MS-MPI 软件包并没有在行业内被广泛采用。

从学习入门的角度出发,可以下载 MPICH2-1.4 版本的软件开发包,网址为 http://www.mpich.org/static/downloads/1.4/。此版本支持最新的 Windows 操作系统。下载网址截图如图 2-13-1 所示。

(2) 在 Windows 7 操作系统环境下安装 MPICH2-1.4 开发包(本实验实例使用的安装程序为 mpich2-1.4-win-ia32.msi),注意软件包对应的操作系统位数版本,本实例使用 32 位版本(mpich2-1.4-win-ia32.msi)的开发安装包。运行软件安装包,出现软件安全警告,单击"运行"按钮,如图 2-13-2 所示。

启动欢迎界面向导,单击 Next 按钮,如图 2-13-3 所示。

进入 MPICH2 的信息提示界面,对系统要求进行说明,单击 Next 按钮,如图 2-13-4 所示。

进入软件版权信息界面,选中 I Agree 单选按钮,单击 Next 按钮,如图 2-13-5 所示。

软件要求以管理员权限进行安装,启动 MPI 进程将安装 smpd 服务,安全字用于授权访问 smpd 服务,填写 Passphrase,默认为 behappy,单击 Next 按钮,如图 2-13-6 所示。

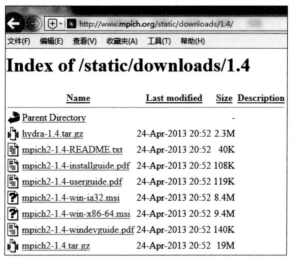

图 2-13-1　MPICH2-1.4 版本下载网址截图

图 2-13-2　软件安全运行界面

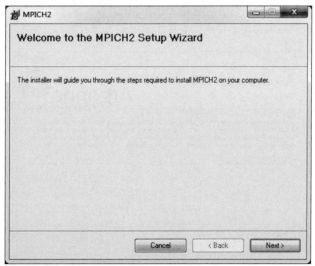

图 2-13-3　欢迎界面向导

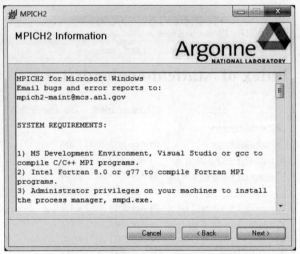

图 2-13-4 MPICH2 的信息提示界面

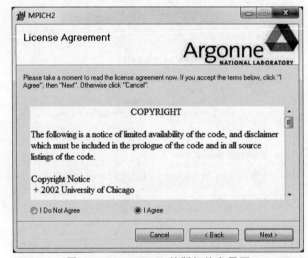

图 2-13-5 MPICH2 的版权信息界面

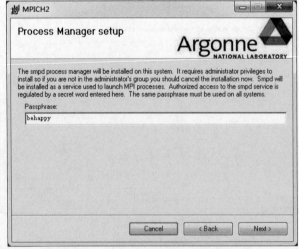

图 2-13-6 MPICH2 管理员权限信息界面

进入安装路径选择界面,本例选择保存在"D:\MPICH2\"路径下,MPICH2 的使用用户选择 Everyone 选项,单击 Next 按钮,如图 2-13-7 所示。

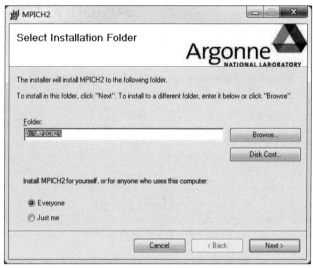

图 2-13-7　MPICH2 安装路径选择

确认准备开始安装过程,单击 Next 按钮,如图 2-13-8 所示。

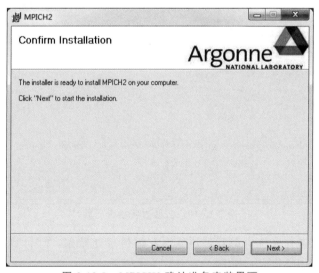

图 2-13-8　MPICH2 确认准备安装界面

安装过程开始,显示等待安装进度,如图 2-13-9 所示,一般用时为 10～40 秒。

安装过程结束,单击 Close 按钮,如图 2-13-10 所示。

提示:MPICH2 的安装需要.NET Framework 2 的运行环境,如果 Windows 系统中没有安装.NET Framework 2,需要安装完.NET Framework 2 后,再安装 MPICH2 开发包。

(3) 本例 MPICH2 安装的位置是 D:\MPICH2,路径下面的 bin 目录下是系统配置运行需要的程序,为了方便在控制台使用,可以把 D:\MPICH2\bin 加到系统的 PATH 变量中。PATH 变量设置过程如下。

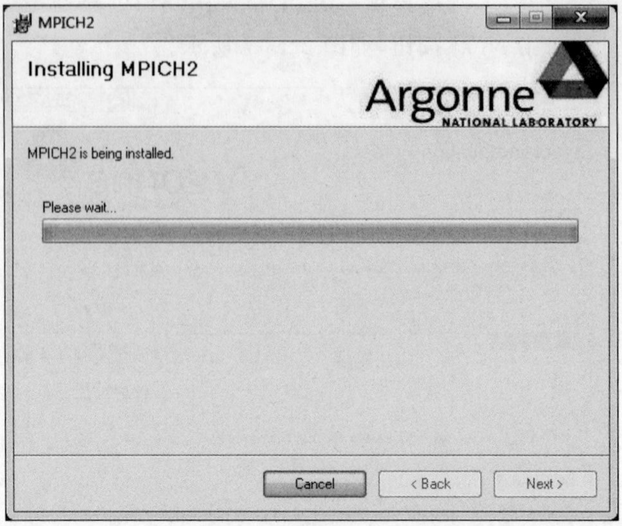

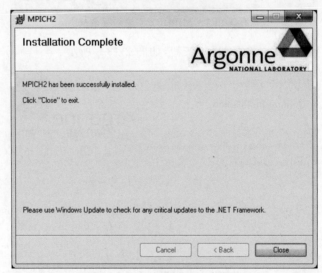

图 2-13-9   显示安装进度界面

图 2-13-10   安装过程结束界面

打开 Windows 操作系统资源管理器界面左侧目录导航条,在"计算机"项右击,在弹出的快捷菜单中选择"属性"命令,如图 2-13-11 所示。

图 2-13-11   选择"属性"命令

在打开的控制面板主页面左侧选择"高级系统设置"选项，打开"系统属性"对话框，如图 2-13-12 所示。

图 2-13-12　"系统属性"对话框

单击"环境变量"按钮，打开环境变量对话框，如图 2-13-13 所示。

选择"Administrator 的用户变量"下的 path 选项，单击"编辑"按钮，打开"编辑用户变量"对话框，如图 2-13-14 所示。在"变量值"文本结尾端，输入";D:\MPICH2\bin"，分号表示间隔。完成路径输入，单击"确定"按钮。

图 2-13-13　"环境变量"对话框

图 2-13-14　"编辑用户变量"对话框

注意：设置 MPICH2 的 bin 目录(\MPICH2\bin)，以便运行 mpiexec 程序。

根据实际安装路径，bin 目录内的 MPICH2 路径书写要完整，如本实验的完整路径为"D:\ MPICH2\bin"。

（4）安装 CodeBlocks 编程环境，注意安装 32 位版本，与 MPICH2 并行程序开发包的 32

位版本一致。安装后查看 CodeBlocks 版本的方法：选择 Help→About...命令，可以查看 CodeBlocks 为 32 位或 64 位版本，如图 2-13-15 和图 2-13-16 所示。

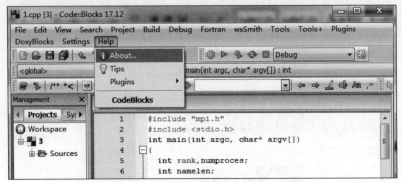

图 2-13-15　查看 CodeBlocks 版本菜单命令

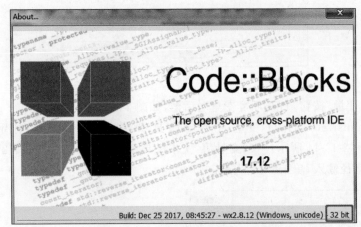

图 2-13-16　CodeBlocks 版本和位数

从图 2-13-16 中可以看出，数字 17.12 表示 CodeBlocks 编程环境的版本，右下角框中的数字表示 CodeBlocks 支持 32 位的操作系统。

（5）启动 CodeBlocks 编程环境，选择 Settings→Compiler...命令，弹出 Global compiler settings 窗口。在此窗口中设置 include 目录\MPICH2\include，具体设置方法为，选择 Search directories→Compiler 选项卡，如图 2-13-17 所示。

单击 Add 按钮，打开 Add directory 对话框，设置 include 目录\MPICH2\include，本实验的路径设置为 D:\MPICH2\include，如图 2-13-18 所示。

设置 lib 目录\MPICH2\lib，具体设置方法为，选择 Search directories→Linker 选项卡，如图 2-13-19 所示。

单击 Add 按钮，打开 Add directory 对话框，设置 lib 目录\MPICH2\lib，本实验的路径设置为 D:\MPICH2\lib，如图 2-13-20 所示。

图 2-13-19 和图 2-13-20 分别给出了在 CodeBlocks 编程环境中选择 MPICH2 软件开发包 include 目录和 lib 目录的界面。

注意：根据实际安装路径，include 和 lib 目录内的 MPICH2 路径书写要完整。

并行程序库文件的配置如下。在 Global compiler settings 窗口中选择 Linker settings

图 2-13-17　设置 include 目录

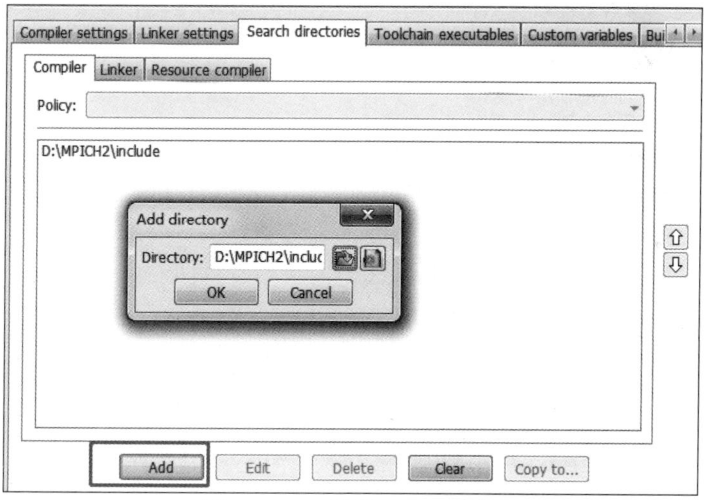

图 2-13-18　设置 include 路径

图 2-13-19　设置 lib 目录

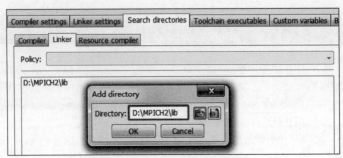

图 2-13-20　设置 lib 路径

选项,如图 2-13-21 所示。单击 Add 按钮,打开 Add library 对话框,设置\MPICH2\lib\libmpi.a 文件,如图 2-13-22 所示。

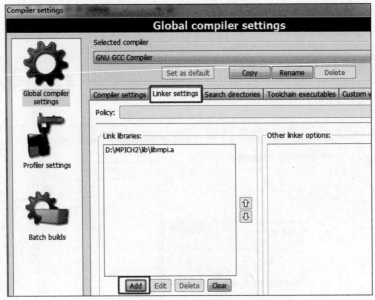

图 2-13-21　设置 libmpi.a 文件

图 2-13-22　libmpi.a 文件配置路径

　　(6) 运行\MPICH2\bin 下 wmpiregister.exe,在注册界面输入本机器具有管理员权限的用户名和密码,以便运行 mpiexec 程序。MPICH2 注册界面如图 2-13-23 所示,输入计算机操作系统的用户名和密码后,单击 Register 按钮。

　　如果弹出"Windows 安全警报"对话框,如图 2-13-24 所示,单击"允许访问"按钮,完成 MPICH2 程序的安全运行访问。

图 2-13-23 MPICH2 注册界面

图 2-13-24 "Windows 安全警报"对话框

在 MPICH2 注册界面单击 OK 按钮,完成 MPICH2 程序的注册。

注意:如果没有运行此 wmpiregister.exe 文件,将在执行 MPICH2 程序时,通过运行"开始"→程序→MPICH2→mpiexec.exe 程序,在 Application 输入框中输入 MPI 的执行程序,运行时也将提示进行管理员权限的注册。

(7) 在 CodeBlocks 编译环境中,建立一个新项目,并建立新文件,把实验内容复制到编辑环境中,文件名保存为 hellompi.cpp,如图 2-13-25 所示。

(8) 运行程序,查看运行结果,如图 2-13-26 所示。

(9) MPICH2 自带的可视化界面运行程序如下。

选择"开始"→"程序"→MPICH2→wmpiexec.exe 命令,打开并行程序可视化窗口,单击 Application 右侧按钮选择 hellompi.exe 程序,在 Number of processes 项中输入 4,单击 Execute 按钮运行,查看运行结果如下:

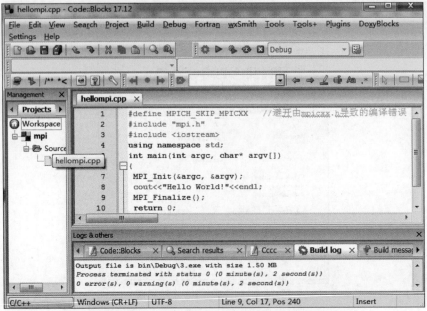

图 2-13-25　CodeBlocks 编辑环境的并行程序

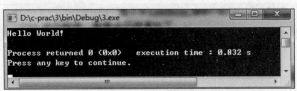

图 2-13-26　控制台运行结果

```
Hello World!
Hello World!
Hello World!
Hello World!
```

运行界面如图 2-13-27 所示。

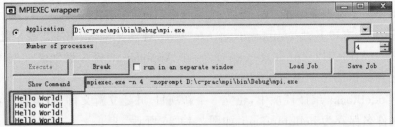

图 2-13-27　wmpiexec 程序的可视化运行界面

2. 编写并行算法程序,根据公式 $\dfrac{\pi^2}{6}=\dfrac{1}{1^2}+\dfrac{1}{2^2}+\dfrac{1}{3^2}+\cdots+\dfrac{1}{n^2}$,求出 π 值。

要求:

(1) 使用标准 C 语法;

源代码

（2）结果输出显示的进程数为 10 个进程；

（3）使用 MPI_Send()函数发送消息；

（4）使用 MPI_Recv()函数接收消息。

程序代码如下：

```c
#include<stdio.h>
#include<stdlib.h>
#include<string.h>
#include<math.h>
#define MPICH_SKIP_MPICXX              //避开由 mpicxx.h 导致的编译错误
#include "mpi.h"                       /* 包含 MPI 函数库 */
/*
 * 函数名:fun
 * 功能:计算第 n 项的值,x=n
 * 输入:double x
 * 输出:无
 * 返回值:第 n 项的值
 */
double fun(double x)
{
    return 1.0/(x*x);
}
/*
 * 函数名:segmenty
 * 功能:第 n 进程完成的计算任务,计算从 [n,m]区间上的结果,步长为 step
 * 输入:unsigned long n        计算开始项索引
 *      unsigned long m        计算结束项索引
 *        unsigned long step 步长
 * 输出:无
 * 返回值:[n,m]区间上的结果,步长为 step 的序列的和
 */
double segmenty(unsigned long n,unsigned long m,unsigned long step)
{
    double y=0.0;
    unsigned long i;
    for (i=n;i<=m;i+=step)
    {
        y=y+fun(i);
    }
    return y;
}
int main(int argc,char * argv[])
{
    int myid, numprocs,i;
    unsigned long n=100000L;
    double mypi, pi, y;
    int   namelen;
    char processor_name[MPI_MAX_PROCESSOR_NAME];
    MPI_Status status;
```

```
    /*初始化 MPI 环境*/
    MPI_Init(&argc,&argv);
    /*获得当前空间进程数量*/
    MPI_Comm_size(MPI_COMM_WORLD,&numprocs);
    /*获得当前进程 ID*/
    MPI_Comm_rank(MPI_COMM_WORLD,&myid);
    /*获得进程的详细名称*/
    MPI_Get_processor_name(processor_name,&namelen);
    printf("全部进程数量为%d进程 %d 运行在计算机 %s\n",numprocs,myid,processor_name);
    fflush(stdout);                    /*立刻清空输出缓冲区,并把缓冲区内容输出*/
    mypi = segmenty(myid +1, n, numprocs);
    if(myid==0)
    {
        /*编号为 0 的进程负责从其他进程收集计算结果*/
        y=mypi;
        /*将多个进程的计算结果累加*/
        for(i=1;i<numprocs;i++)
        {
            MPI_Recv(&mypi,1,MPI_DOUBLE,i,0,MPI_COMM_WORLD,&status);
            y=y+mypi;
        }
        pi=sqrt(6*y);                  /*计算 PI*/
        printf("pi=%.16lf",pi);
                                       /*清理输出流*/
        fflush(stdout);
    } else
    {
        /*其他进程负责将计算结果发送到编号为 0 的进程*/
        MPI_Send(&mypi,1,MPI_DOUBLE,0,0,MPI_COMM_WORLD);
    }
    /*退出 MPI 环境*/
    MPI_Finalize();
    return 0;
}
```

分析:

(1) 算法分析:定义函数计算第 n 项的值;定义进程函数完成各进程计算任务。

(2) 文件名保存为 PI_MPI.c,编译程序,直到程序无错误,生成 PI_MPI.exe 可执行文件。

(3) 使用 MPICH2 自带的可视化界面运行程序。

选择"开始"→"程序"→MPICH2→wmpiexec.exe 命令,打开并行程序可视化窗口,单击 Application 右侧按钮选择 PI_MPI.exe 程序,在 Number of processes 项中输入 4,单击 Execute 按钮运行,MPICH2 的可视化运行界面如图 2-13-28 所示。

查看运行结果如下:

```
全部进程数量为 4 进程 2 运行在计算机 USER-4N5QDI2738
全部进程数量为 4 进程 1 运行在计算机 USER-4N5QDI2738
全部进程数量为 4 进程 3 运行在计算机 USER-4N5QDI2738
全部进程数量为 4 进程 0 运行在计算机 USER-4N5QDI2738
pi=3.1415831043264495
```

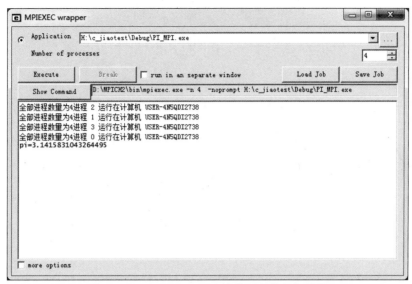

图 2-13-28　PI_MPI.exe 程序的可视化运行界面

上述运行结果列出了进程数量和进程运行的顺序,其中,USER-4N5QDI2738 为主机名称。

13.3　实验内容

1. 编写并行程序,实现所有的进程均向编号为 0 的进程发送问候消息,由 0 号进程负责将这些问候消息打印出来。如编号为 1 的进程发送的消息为"你好 0 进程,来自进程 1 的问候!",编号为 2 的进程发送的消息为"你好 0 进程,来自进程 2 的问候!"。

要求:

(1) 使用标准 C 语法;

(2) 结果输出显示时至少有 2 个进程发送问候信息;

(3) 使用 MPI_Send()函数发送消息;

(4) 使用 MPI_Recv()函数接收消息。

2. 编写并行算法程序,求出 $1+2+3+\cdots+100$ 的结果。

要求:

(1) 使用标准 C 语法;

(2) 结果输出显示的进程数为 10 个进程;

(3) 使用 MPI_Send()函数发送消息;

(4) 使用 MPI_Recv()函数接收消息;

(5) 使用自定义函数分段计算。

实验 14　个体软件开发

14.1　实验目的

(1) 掌握 C 语言程序编码规范；

(2) 学习和熟悉 PSP 个体软件开发过程。

14.2　实验指导

本实验指导中将编写两个程序，实验的要求和目标如下。

(1) 编写程序，按照 ANSI C 程序编写规范，编写程序：输入 10 个整数，求和并输出和值。熟悉程序编写规范的要求，熟悉数据类型定义规范，熟悉函数和过程规范性。

(2) 以开发学生管理系统为例，编写个体软件开发计划过程中，开发文档的规范化管理，包括软件开发时间、维护时间的日志管理和缺陷修正的日志管理；熟悉开发过程的计划、过程记录编写；熟悉项目计划的周活动记录日志文档的编写；熟悉开发过程的时间记录日志文档编写；熟悉项目的缺陷记录编写。

1. 按照 ANSI C 程序编写规范，编写程序：输入 10 个整数，求和并输出和值。

要求：

(1) 具有文件说明注释；

(2) 数据类型定义规范；

(3) 函数和过程规范。

程序代码如下：

```
/*****************************************
 * 文件名:Inputintandsum.c
 * 作者:Minghai Jiao
 * 日期:2023 年 8 月 1 日
 *
 * 描述:本文件要求以键盘方式输入 10 个整数,
 *       求和后输出和值
 *
 * 修改:Minghai Jiao 2023 年 8 月 1 日规范了
 *       输入变量,增加了输入提示和注释
 *
 *****************************************/
```

```
#include<stdio.h>
void main()
{
    /* 初始化输入变量、和值变量及循环变量 */
    int input_x,result_sum,i;
    result_sum=0;
    i=1;
    /* 请输入提示语句 */
    printf("Please input the integer variable value:");
    /* 当循环次数小于或等于 10 次时,进行循环 */
    while(i<=10)
    {
        scanf("%d",&input_x);                    /* 通过键盘输入变量函数 */
        result_sum=result_sum+input_x;
        i=i+1;                                   /* 变量自增 1 */
    }
    /* printf()函数输出和值结果 */
    printf("The sum of 10 numbers is %d\n", result_sum);
}
```

分析:

(1) 增加文件说明内容,变量标识符命名表达有意义,增加必要的注释,程序代码排版容易阅读、理解和修改。

(2) 运行程序,查看运行结果如下:

```
Please input the integer variable value:1 2 3 4 5 6 7 8 9 1
The sum of 10 numbers is 46
```

(3) 对照注释语句,重新阅读程序,输入新的 10 个数据,观察输出结果。

2. 以开发学生管理系统为例,编写个体软件开发过程 **PSP0** 级的计划过程管理时间记录日志、开发过程管理时间记录日志和总结过程管理的缺陷记录日志。

要求:

(1) 时间记录尽可能全面;

(2) 各过程陈述清楚,无二义性;

(3) 日志文档设计合理。

分析:

(1) 实验主要集中在计划日志记录一周的开发计划活动时间,开发过程日志记录代码开发活动的详细时间,总结过程日志记录开发活动的缺陷细节;

(2) 编写学生信息管理系统项目计划的周活动记录日志文档如下。

姓名：唐亮　　　　　　　　　　　　　　　　　　日期：2023 年 7 月 16 日

日期	培训/min	编写程序/min	知识学习/min	模块测试/min	小计/min
周日(10.17)	50	188	80		318
周一		40			40
周二	40	50			90
周三	50	69	28		147
周四		114			114
周五	50		38		88
周六				134	134
周小计	190	461	146	134	931

（3）编写开发过程的时间记录日志文档如下。

姓名：李强　　　　程序指导：焦明海　　　　　　　　日期：2023 年 7 月 23 日

日期	开始时间	结束时间	中断时间/min	净时间/min	活动	备　　注	C	U
10.17	9:00	9:50		50	培训	讲座		
	10:40	11:18	10	28	编程序	学生信息录入界面		
	14:00	14:50		50	编程序	学生信息录入界面		
	18:30	19:50		80	学习	学 ASP.NET 开发知识		
	20:10	22:00		110	编程序	学生信息录入界面		
10.18	10:00	10:40	20	20	编程序	学生信息录入界面	X	1
10.19	9:00	9:40		40	培训	讲座		
	10:40	11:30		50	编程序	学生信息查询界面		

时间日志说明如下。

中断时间：记录没有花费在该过程活动上的中断时间，如果有几次中断，输入总的时间。可以在备注中输入总的时间。

净时间：输入实际花费的时间，减去中断时间。

C（Completed）：当完成任务时，在此栏做标记。

U（Units）：输入完成单元数目。

（4）编写总结过程的缺陷记录日志文档如下。

项目任务：学生信息管理系统项目的缺陷记录。

记录时间：2023 年 7 月 23 日。

姓名：李睿　　　　　　　　　　　　　　　　　　记录日期：2023 年 7 月 23 日

缺陷编号	缺陷类型	注入阶段	排除阶段	修复时间	缺陷关系	缺陷描述
1	10	编码过程	编码检查	11.23	来自缺陷1	第 18 行的注释
2	10	编码过程	编码检查	11.23	来自缺陷2	第 40 行的注释
3	20	编码过程	编码检查	11.23	来自缺陷3	代码 3 第 76 行

14.3　实验内容

1. 按照 ANSI C 程序编写规范,编写程序计算整数 1 到 10 的阶乘和。

要求:

(1) 具有文件说明的注释;

(2) 阶乘算法程序使用子函数编写;

(3) 使用规范的数据类型定义;

(4) 使用规范的函数定义;

(5) 使用规范的程序代码编写过程;

(6) 使用程序代码行注释。

2. 以开发邮件管理系统为例,编写个体软件开发过程 PSP0 级的计划过程管理时间记录日志、开发过程管理时间记录日志和总结过程管理的缺陷记录日志。

要求:

(1) 时间记录尽可能全面;

(2) 各个过程陈述清楚,无二义性;

(3) 日志文档内容详细合理。

3. 编写一个个人收支记账本程序。

程序首先显示一个菜单供用户进行选择,菜单包括如下 4 个选项。

若用户输入 1 并按回车键,表示用户需要增加一个收支项目;

若用户输入 2 并按回车键,表示用户需要列出文件中所有的收支项目;

若用户输入 3 并按回车键,表示用户需要查询最后一次输入的收支项目;

若用户输入 0 并按回车键,表示用户需要结束程序。

要求:

(1) 具有文件说明的注释;

(2) 阶乘算法程序使用子函数编写;

(3) 使用规范的数据类型定义;

(4) 使用规范的函数定义;

(5) 使用规范的程序代码编写过程;

(6) 使用程序代码行注释。

第 3 部分

工 程 案 例

引　言

学习程序设计的目标之一是能进行软件开发,而实际的软件开发与普通的编程练习有不小的区别。简单的编程练习通常集中于某一种算法的解决、某一种数据结构的实现,而实际的软件开发则着眼于整个设计目标的实现。软件工程就是指导软件开发和维护的工程学科,它采用工程的原理、概念、技术和方法来开发和维护软件,把经过时间检验证明正确的管理技术和当前能采取的最好的技术方法结合起来,以经济地开发出高质量的软件并有效地维护它。

在这一部分,将通过5个不同的案例练习C语言在多种场景下的软件应用开发,读者可根据自己的兴趣选做其中的一个或多个案例,以提高自己的软件开发能力。这些案例虽然各自应用领域不同,但是它们的设计开发都要遵循软件工程设计的思想。只有遵循这些科学的设计方法和原则,才能高效地开发出适应性好的软件。本节介绍一些C语言工程开发的基本原则和方法,这些原则和方法也将在后续的案例中得到具体的应用和体现。

1. 工程开发基础

概括地说,软件工程是指导计算机软件开发和维护的一门工程学科。下面按照软件开发过程中的各阶段介绍其基本任务和常用方法。

1) 需求分析

为了开发出真正满足用户需求的软件产品,首先必须知道用户的需求。

需求分析包含了功能需求、性能需求、可用性需求等各方面的综合要求。它的最基本的任务是准确地回答"系统必须做什么"这一问题,但不是确定系统怎样完成这项工作,而仅仅是确定系统必须完成哪些工作,也就是通过与用户的反复交流,对目标系统建立完整、准确、清晰、具体的需求。

2) 总体设计

总体设计的基本目的是回答"概括地说,系统应该如何实现"这一问题,因此总体设计又称为概要设计或初步设计。通过这个阶段的工作将划分出组成系统的物理元素——程序、文件、数据库、人工过程和文档等。总体设计的另一项重要任务是设计软件的结构,也就是要确定系统中每个程序由哪些模块组成的以及这些模块相互之间的关系。

总体设计过程通常由两个主要阶段组成:一是系统设计阶段,要确定系统的具体实现方案;二是结构设计阶段,需要确定软件结构。软件结构通常情况下使用图形工具来描述,如层次图和结构图。

3) 详细设计

详细设计阶段的根本目标是确定应该怎样实现所要求的系统,也就是说,经过这个阶段的设计工作,应该得出对目标系统的精确描述,从而在编码阶段可以把这个描述直接翻译成某种程序设计语言书写的程序。

详细设计阶段的任务还不是具体地编写程序,而是要设计出程序的"蓝图",之后程序员将根据这个蓝图写出实际的程序代码。因此,详细设计的结果基本上决定了最终的程序代码的质量。详细设计的目标不仅是逻辑上正确地实现每个模块的功能,更重要的是设计出的处理过程应该尽可能简明易懂。结构化程序设计技术是实现上述目标的关键技术,因此是详细设计的逻辑基础。

4)编码

这个阶段的关键任务是写出正确的、容易理解、容易维护的程序模块。程序员应该根据目标系统的性质和实际环境,选取一种适合的程序设计语言,把详细设计的结果翻译成程序,并仔细调试编写出的每个模块。

编码时要注重编码规范,确保各模块的代码风格统一,并提高代码的可读性。本书主教材中已总结了标准的编码规范,请读者查看。

5)测试

什么是测试? 它的目标是什么? 以下规则可以看作测试的目标或定义。

(1) 测试是为了发现程序中的错误而执行程序的过程。

(2) 好的测试方案是极可能发现迄今为止尚未发现的错误的测试方案。

(3) 成功的测试是发现了迄今为止尚未发现的错误的测试。

从上述规则可以看出,测试的正确性定义是"为了发现程序中的错误而执行程序的过程"。这和某些人通常想象的"测试是为了表明程序是正确的"和"成功的测试是没有发现错误的测试"等是完全相反的。正确认识测试的目标十分重要,测试目标决定了测试方案的设计。如果为了表明程序是正确的而进行测试就会设计一些不易暴露错误的测试方案;相反,如果测试是为了发现程序中的错误,就会力求设计出最能暴露错误的测试方案。

测试用例(test case)是为某个特殊目标而编写的一组测试输入、执行条件以及预期结果,以便测试某个程序路径或核实是否满足某个特定需求。测试用例设计和执行是测试工作的核心,也是工作量最大的任务之一。

在编写测试用例前,要详细了解需求并且准确理解软件所实现的功能,然后着手制定测试用例。测试数据应该选用少量高效的测试数据进行尽可能完备的测试。测试用例通常包括如下几方面的内容。

(1) 编号(测试用例的编号);

(2) 测试项(欲测试的功能);

(3) 测试输入(应输入的数据和相应的操作处理);

(4) 预期结果(预期的输出结果或其他响应效果);

(5) 测试结果(测试结论为"通过"或"不通过")。

2. 多文件结构组织

在软件开发中,通常采用自顶向下的设计模式。所谓自顶向下就是从总问题开始,将其分解为一个一个小问题的解决方案。在设计之前,首先要考虑的是文件结构。什么是文件结构? 就是程序怎么通过文件组织起来。如果是简单的程序练习,一般只需要一个源文件就可以实现,也就谈不上什么文件组织的问题。但如果是稍大型的程序,代码量达到几千行甚至上万行,就有必要通过文件对其进行组织了。想象一下,如果数千行的程序写在一个源文件中,会给程序的阅读和调试带来很大的麻烦,当程序员需要对一个问题进行定位的时候就需要上下翻动查找。而如果将程序分成多个文件,例如每个模块一个文件,程序员就可以很快地定位,同时给该程序的后续拓展带来极大的方便。

C程序可以包括两种文件,一种用于保存程序的定义,即以".c"作为后缀的源文件;另一种用于保存程序的声明,即以".h"作为后缀的头文件。C程序的每个模块都可以分别由一个源文件来实现,该文件里包括这个模块中所有功能函数的定义,同时每个源文件都可以配置一个对应的头文件,该文件里包含这个源文件所需的预处理内容以及函数声明。这样,当A模块需要调用B模块所定义的函数时,只需要在A模块的源文件中引用B模块的头文件即可。

1）头文件结构

头文件由如下3部分内容组成。

（1）头文件开头处的版权和版本声明;

（2）预处理;

（3）函数声明等。

版权和版本的声明一般位于头文件和源文件的开始处,必须以注释的形式呈现,其主要内容如下。

（1）版权信息;

（2）文件名称,标识符,摘要;

（3）当前版本号,作者/修改者,完成日期;

（4）版本历史信息。

下面是一个典型的版权和版本声明示例。

```
/*
 * Copyright (C) xxx公司
 * All rights reserved.
 *
 * 文件名称:filename.h
 * 摘要:简要描述本文件的内容
 *
 * 当前版本:1.1
 * 作者:作者(或修改者)名字
 * 完成日期:2023年1月20日
 *
 * 取代版本:1.0
 * 原作者:原作者(或修改者)名字
 * 完成日期:2022年1月20日
 */
```

实际应用中,版权和版本声明可根据需要自行增减,这部分内容实际上也是为了给程序的后续修改者提供方便。

接下来,头文件的真正有效内容包含预处理部分和数据及函数声明部分,这部分内容有几个编写原则需要遵守,列举如下。

(1) 为了防止头文件被重复引用,应当用 ifndef/define/endif 结构产生预处理结构。

(2) 用♯include ＜filename.h＞ 格式来引用标准库的头文件(编译器将从标准库目录开始搜索)。

(3) 用♯include "filename.h" 格式来引用非标准库的头文件(编译器将从用户的工作目录开始搜索)。

(4) 头文件中只存放"声明"而不存放"定义"。

上述原则中,(2)和(3)很好理解,即如果引用的是类似于"stdio.h"这样的标准库头文件,就采用尖括号的形式,如果是自定义的头文件,就采用双引号的形式,这样做是为了加快编译的搜索速度。原则(4)的意思是不应该在头文件里具体定义一个变量或是函数,换句话说,头文件里不应该产生真正占用内存的数据和程序,而应该仅仅是声明。下面通过示例解释原则(1)。

```
#ifndef TYPESET_H                        //防止 typeset.h 被重复引用
#define TYPESET_H

#include<math.h>                         //引用标准库的头文件
...
#include "myheader.h"                    //引用非标准库的头文件
...
void Function1(…);                       //函数声明
...

#endif
```

原则(1)的最大作用就是防止一个头文件被重复引用,如 A.c 引用了 B.h 和 C.h,而 B.h 同样引用了 C.h,如果没有防护机制,就会造成 C.h 的重复引用。如示例所示,采用条件编译机制即可防止该问题的出现,这里 TYPESET_H 是该头文件的一个唯一标识,当然这个标识的名字是自定义的,约定俗成采用和头文件一样的名字,不过把小写字符全部替换成大写字符,点换成下画线。条件编译的作用是,如果该文件在编译器第一次编译时未定义这个唯一的标识,就会定义它,同时编译这个头文件,当编译器再次遇到该头文件时,因为已经定义过该标识,就不会再次参与编译了。这就保证了每个头文件最多只能编译一次。

2) 源文件结构

源文件的内容包含如下 3 部分。

(1) 文件开头处的版权和版本声明;

(2) 头文件引用;

(3) 程序实现(包含定义数据和函数)。

源文件结构的示例如下。

```
//版权和版本声明
#include<stdio.h>
#include "typeset.h"                      //引用头文件
...
```

```
//全局变量定义
int value;
…
//函数定义
void Function1(…)
{
…
}
```

需要说明的是,在编写程序时的一个原则是:不要定义不必要的全局变量。但有时候,可能产生这样一种情形,即多个模块的函数都需要使用同一个数据,这时采用全局变量可以极大地提高程序的效率。全局变量理论上可以定义在任意一个源文件中,但通常的做法是:把所有的全局变量都定义在主函数所在的文件,当其他模块的文件需要使用该全局变量时,在其源文件中使用 extern 关键字对该全局变量进行声明。

3) 文件组织

下面以一个小例子说明 C 语言的多文件组织结构。假设要开发一个包含输入、计算、输出功能的小系统,就可以将这 3 个功能分别组织成一对 C 语言的源文件和头文件,如图 3-0-1 所示。

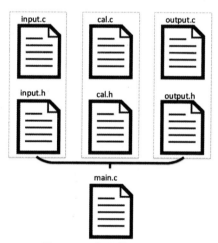

图 3-0-1　多文件组织示例

在命名文件的时候要注意,和命名一个变量或一个函数相似,文件的命名也要做到见名知义,这样软件的读者在浏览源代码文件结构时就基本可以看出软件设计者的模块划分结构。在实际的软件开发中,文件的组织与模块的划分息息相关。模块划分合理、文件组织清晰会给后续的开发和调试带来极大的益处。

3. 案例学习指南

本节介绍在案例学习中需要注意的一些问题。本部分的全部案例都将按照案例介绍、详细设计、系统测试与总结 3 部分展开。

在案例介绍部分,会针对案例的应用背景、设计目的、需求分析以及总体设计进行介绍。在阅读完案例介绍部分后,则可以进入案例的详细设计,展开具体的案例实验。

　　考虑到一个完整的工程案例通常会使用包括函数、指针、结构体、文件在内的语法,为了使读者在学习 C 语言的过程中尽早接触工程案例设计,第二部分详细设计对每个案例都划分为 3 个阶段。读者可以随着学习 C 语言的过程,由浅入深、由易到难地分阶段进行案例学习。详细设计中的 3 个阶段对应的语法要求通常按学习顺序展开如下。

　　阶段一:通常要求学习完循环结构和数组;

　　阶段二:通常要求学习完函数;

　　阶段三:通常要求学习完结构体和文件。

　　其中,每个阶段都是一个完整的程序。每个阶段都是对前一个阶段的完善和深化,到第三个阶段则完整实现了工程案例的全部功能。每个阶段的末尾都附有该阶段所对应的完整程序电子链接,读者可以扫描二维码下载查看。

　　最后一部分是系统测试与总结,读者可按照提示对编写好的案例程序进行测试,而后可进一步对程序进行拓展,使其功能更为完善和丰富。

案例 1   工程入门实例——扫雷

1.1   案例介绍

扫雷游戏,是微软公司于 1992 年,伴随着当时 Windows 系统一同发布的一款大众益智类游戏,这个基于数字逻辑的谜题游戏多年来一直深受用户喜爱,经久不衰。下面就让我们利用所学的程序设计的知识,自己动手设计、编写一款控制台界面下的扫雷游戏。

1.1.1   设计目的

扫雷游戏设计的初衷是基于控制台界面,在一个 9×9(初级)大小的方块矩阵中随机布置一定数量的地雷(地雷个数为 10 个),然后由玩家逐个翻开方块,以找出所有地雷为最终游戏目标。如果玩家翻开的方块处是地雷,则地雷爆炸,游戏结束。

1.1.2   需求分析

扫雷游戏是一款众所周知的游戏,这个案例的题目看似简单,实际上在编写程序之前同样需要考虑方方面面的需求,即这个程序都要实现哪些功能。本案例的目标是在控制台下(即命令行窗口)实现一个简略版的扫雷游戏,可以参考 Windows 系统自带的扫雷桌面游戏来给出此案例的功能需求。

(1) 在控制台下实现经典的扫雷游戏;

(2) 游戏的开始和结束通过菜单完成;

(3) 游戏初始界面为一个 9×9 的正方形;

(4) 游戏中地雷的个数以及初始位置设置;

(5) 通过输入坐标的方式进行挖雷操作。

以上是根据设计要求初步想到的基本需求,从需求分析的角度出发,开发人员在进行软件开发前,需要经过深入、细致的分析和调研,以便准确地理解用户和项目的功能、性能、可靠性等具体要求,从而将用户非形式的需求表述转换为完整的需求定义,也就是需要确定系统必须做什么的过程。在实际的软件开发过程中,需求有可能是动态变化的,可能会加入新的需求或者原有的需求会发生改变,这必然会给软件开发带来一定的困难,同时也要求设计者在设计的时候要尽量遵循设计规范,使软件更具适应性。

1.1.3　总体设计

首先,在编写程序之前,要从整体上将程序进行模块化,即把软件拆分成若干功能模块。这些功能模块功能相对独立,彼此之间联系较少,耦合在一起之后能够实现软件的全部需求。针对扫雷游戏的具体功能,将其划分为 3 个模块,如图 3-1-1 所示。

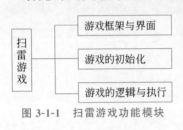

图 3-1-1　扫雷游戏功能模块

（1）游戏框架与界面模块。此模块的基本功能是实现游戏的基本框架。对于一个游戏而言,当游戏启动时,需要有一个初始化界面(即游戏的初始化菜单),用户可根据菜单中提供的选项,选择开始游戏或者退出游戏。因此,该功能模块理应在主函数内实现,可在主函数内调用相关函数,完成具体的功能。

（2）游戏的初始化模块。该模块的基本功能是对游戏数据进行初始化。在扫雷游戏中,在每次游戏开始时,需要提前初始化的设置有很多,例如,需要给定一个游戏的界面,又或者需要在游戏界面的范围内进行布雷等。对于一个控制台程序而言,可以使用一些符号来进行图形界面的初始化,同时通过一些函数的编写来实现布雷等具体功能。

（3）游戏的逻辑与执行模块。对于一个简化版的扫雷游戏而言,其最主要的功能就是雷的排查,以及以当前区域为中心点周围所存在的雷的数量的计算,这些具体的功能是本游戏的核心功能,需要用户自定义函数将功能进行独立封装,以方便调用。

1.2　详细设计

为适应学习者的学习进度,让学习者尽早地进入 C 语言实际应用案例的开发与设计,本节将此案例的开发过程拆分成多个阶段,当学习者处于不同的学习阶段时,可以选择案例的对应部分进行学习。

1.2.1　游戏初始化界面

编程能力要求:熟悉输入输出、分支结构、循环结构和数组。

本阶段的主要目的是游戏初始界面的设计。在整体的界面设计过程中,包含了 3 个具体步骤。步骤 1 为游戏菜单界面的实现;步骤 2 为开始或者退出游戏选项的实现;步骤 3 为游戏棋盘的初始化设计。这 3 个步骤以基本输入输出为核心,学习者在掌握了输入输出的基本知识后则可开展步骤 1 的练习,在学习完成分支与循环结构的知识后可开展步骤 2 的练习,在掌握了数组的知识后,则可开展步骤 3 的练习。各步骤的具体实现如下。

步骤 1,能力要求:基本运算与输入输出。

步骤 1 的目的是实现游戏初始界面的设计,学习者只需完成"输入输出"部分的学习,就可以开展本步骤的练习。在控制台下的扫雷游戏中,需要一个菜单界面来确定是否开始游戏。菜单的具体界面可以由 * 组成,辅之以简单的选项介绍。在没有学习自定义函数知识前,本步骤的具体功能将在 main()函数内实现。详细介绍如下。

(1)界面设计。由于控制台程序的限制,无法采用图形界面设计游戏,因此本案例使用 * 与相关文字信息共同组成了游戏的开始菜单,如图 3-1-2 所示。

图 3-1-2　扫雷游戏开始菜单界面

(2)代码实现。本步骤的案例执行非常简单,学习者只需掌握输入输出的基本知识即可开始本阶段的学习开发,具体的代码如下。

```c
void main()
{
    printf("*************************\n");
    printf("*************************\n");
    printf("***** 开始请按 <1> *****\n");
    printf("***** 退出请按 <0> *****\n");
    printf("*************************\n");
    printf("*************************\n");
}
```

步骤 **2**,能力要求:分支结构与循环结构。

步骤 2 的主要目的是用户根据菜单中的选择输入对应的数字,实现游戏的开始或者退出。学习者需要掌握分支结构与循环结构的知识,然后可以开展本阶段的练习。在本步骤中,由于开始游戏涉及数组、函数等进一步的知识,所以此处仅以文字显示表明已经成功开始游戏,游戏的具体实现将在后续阶段开展。同样,由于学习者还没有学习自定义函数的知识,本步骤的具体功能将在 main()函数内实现,等学习者掌握函数知识后,可以将各部分内容封装到不同的函数内。步骤 2 的详细介绍如下。

(1)程序设计流程。本步骤中所涉及的案例比较容易实现,其简单的程序设计流程如图 3-1-3 所示。

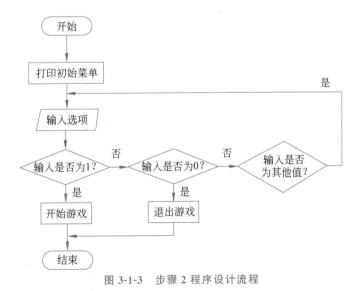

图 3-1-3　步骤 2 程序设计流程

（2）详细说明。以下是对上述程序设计流程的详细说明。

流程 1：程序开始阶段，需要打印出游戏的初始界面，实际上此流程在上一个步骤的学习中已经实现了，所以此流程相当于重复步骤 1 的操作。

流程 2：输入选项的值。选项的输入本身较为简单，输入一个整数即可。而且，在初始化菜单界面会有关于不同数字代表不同功能的提示，因此，此处只需声明一个整型变量，用来存放输入选项的值即可。

```
int inputdata = 0;
scanf("%d",&inputdata);
```

流程 3：判断输入选项的具体数字。用户根据需求从键盘上输入不同的数值，根据数值的不同，计算机执行不同的指令，此步骤可以采用多分支结构中的 switch 语句来实现，具体程序代码如下。

```
switch(inputdata){
    case 1:
        printf("<游戏成功开始>\n");
        inputdata=0;                    //在流程 4 中将涉及该条语句，现在可忽略
        break;
    case 0:
        printf("<退出游戏>\n");
        break;
    default:
        printf("<开始游戏请输入 1,结束游戏请输入 0>\n");
}
```

在流程 2 中，用户输入选项，存放于变量 inputdata 中。在流程 3 中，当变量的值为 1 时，程序执行的是在屏幕上打印文字"游戏成功开始"。当然在后续阶段中，用户输入选项为 1 时，将调用游戏开始运行后的初始化界面的函数，此处使用 printf() 函数替代后续功能。当变量的值为 0 时，程序执行的是退出游戏，并在屏幕上打印文字"退出游戏"。当变量的值为除 0 和 1 以外的其他数字时，说明用户输入选项错误，提示用户需要重新输入，才能开始或结束游戏，并在屏幕上给出有关的文字提示"开始游戏请输入 1,结束游戏请输入 0"。

流程 4：在上述步骤中，当用户输入选项为除 0 和 1 之外的错误数据时，程序无法从开始游戏或者退出游戏中选择一条支路去执行，所以需要用户按照标准重新输入，直到输入的数据为 0 或者 1 结束。此步骤显然是一个循环执行的过程，使用 do…while() 语句来实现，具体程序代码如下。

```
do{
    printf("请输入>>");
    scanf("%d",&inputdata);
        /*
        此处为流程 3 中的 switch 语句代码
        */
}while(inputdata);
```

源代码

在流程 4 中，变量 inputdata 的值是 do…while 语句的循环条件，在流程 3 的 switch 语句的执行过程中，case0 与 case1 执行后，inputdata 的值均为 0，从而跳出了循环。而 default 语句执行后，inputdata 的值不为 0，所以程序将不断重复执行，直到输入的值为 0 或者 1 为止。程序结束循环，转而执行后续语句。

（3）代码实现。本步骤的详细代码可以扫描右侧二维码获取。

步骤 3，能力要求：循环结构与数组。

步骤 3 的主要目的是在屏幕上打印出扫雷游戏棋盘的初始状态。有关本阶段的设计，学习者需要完成"数组"知识的学习，然后可以开展本阶段的练习。在控制台下的扫雷游戏中，棋盘的具体界面可以由 * 组成，辅之以每个 * 所在位置的坐标。在没有学习自定义函数前，本阶段的具体功能同样需要安排在 main() 函数内实现。详细介绍如下。

（1）界面设计。与步骤 1 中的游戏初始菜单界面类似，本阶段使用 * 绘制出一个 9×9 大小的正方形棋盘，同时需要在棋盘的左侧和上方辅之以数字标记，用以方便用户记录位置坐标，具体的界面如图 3-1-4 所示。

图 3-1-4 扫雷游戏初始化棋盘界面

（2）详细说明。在控制台界面的游戏中，用户无法通过鼠标定位去操作图形界面，因此本案例中扫雷游戏的设计理念就是，用户通过输入位置坐标来进行挖雷操作。因此，可以在初始化棋盘的上方和左侧，分别打印 0~9 这 10 个数字，来描述位置坐标中 x 和 y 的值。在棋盘中，数字字符与 * 共同组成了一个 10 行、10 列的矩阵，其结构可以通过二维数组来描述，并利用双层循环进行打印输出。

首先要实现的是如图 3-1-4 所示的初始化棋盘界面，先是分割线的打印，只需要在棋盘的最上方和最下方，利用 printf() 函数即可实现。

其次是棋盘的设计。在本阶段的游戏设计中，其核心部分就是棋盘的初始化界面的设计，如图 3-1-4 所示，整个棋盘实际上是一个 10×10 的二维数组。其中，数组的第 1 行和第 1 列是 0~9 的阿拉伯数字，数组的其他行和列的元素则为字符 * 。界面的实现可以使用 for 循环来实现。首先，输出第 1 行的阿拉伯数字，具体代码如下（需要注意，输出的时候可以利用空格来对齐各数组元素的位置）。

```
for(i=0;i<=row;i++)
{
    printf("%d ",i);
}
```

最后，使用一个两层的循环语句，输出棋盘的第 2~10 行的内容。其中，第 1 列上为数字字符，其他列上为字符 * ，由此可以通过如下代码实现。

```
for(i=1;i<=row;i++)
{
    printf("%d ",i);
    j=0;
    for(j=1;j<=col;j++)
```

```
        {
            printf("%c ",board[i][j]);
        }
    printf("\n");
}
```

代码中,变量 row 和 col 的值均初始化为 9,数组 board 中的数组元素的值需要初始化为字符 * 。

(3) 代码实现。本阶段的详细代码可以扫描左侧二维码获取。

源代码

1.2.2　各功能函数设计

能力要求:函数。

本阶段的主要是目的是游戏逻辑与执行时所需各功能模块的具体实现。在本阶段中,将游戏执行过程中各功能模块以函数的形式进行封装,所以学习者需要掌握函数的定义与调用的知识后,才能够开展本阶段的训练。

在简单版的扫雷游戏中,主要的功能有 3 部分,包括地雷位置的初始化设置,也就是布雷模块;附近地雷数量的统计,也就是计数模块;依托坐标值,显示当前位置的内容,也就是挖雷模块。

(1) 布雷模块函数。该模块的主要功能是在初始化的棋盘中设置地雷的数量与位置。其中,地雷的数量存放在一个整型变量中,为方便后期游戏功能的扩展,此变量可通过一个定义好的符号常量进行赋值。地雷的位置存放在一个整型的二维数组中,该数组的大小与棋盘的大小相同,如果该位置上埋有地雷,则数组元素被赋值为字符 1,否则数组元素的值为字符 0。为保证地雷分布的随机性,可以使用 rand() 函数生成二维数组的下标,例如:

```
int x = rand()%row +1;
int y = rand()%col +1;
```

在上述代码中,x 和 y 为二维数组 mine[ROWS][COLS]的行下标和列下标,只需要将数组元素 mine[x][y]的值赋值为字符 1,就代表了该位置上布置了一颗地雷。同时,为保证布雷的不重复,在随机生成 x 和 y 的同时,需要判断当前数组元素 mine[x][y]的值是否为 1,如果值为 0 说明该位置为空,尚未布雷,可以对其进行赋值,否则需要更换新的坐标。该函数的具体代码如下:

```
void SetMine(char mine[ROWS][COLS],int row,int col){
    int count = EASY_COUNT;
    /* EASY_COUNT 为头文件中定义的符号常量代表雷的数量 */
    srand(time(NULL));
    while(count){
        int x = rand()%row +1;
        int y = rand()%col +1;
        if(mine[x][y]=='0'){
            mine[x][y] = '1';
```

```
            count--;
        }
    }
}
```

（2）计数模块函数。该模块的主要功能是统计附近位置中地雷的数量。具体操作是以当前位置为 3 行 3 列的矩阵的中心点，计算周围 8 个数组元素的值的总和。假设用户的当前位置为 mine[x][y]，那么需要计算 mine[x−1][y−1]，mine[x−1][y]，mine[x−1][y+1]，mine[x][y−1]，mine[x][y+1]，mine[x+1][y−1]，mine[x+1][y] 以及 mine[x+1][y+1] 的和，因为在数组中使用 1 表示有雷，0 表示没有地雷，而 1−0＝1，1 和 0 都为字符，计算的是其 ASCII 码，所以只需要求得的结果减去 8 倍的 0，这样就可以得到最后的地雷的数量。该函数的具体代码如下：

```c
int GetMineCount(char mine[ROWS][COLS],int x,int y){
    return (mine[x-1][y-1]+mine[x-1][y]+mine[x-1][y+1]+mine[x][y-1]+
            mine[x][y+1]+mine[x+1][y-1]+mine[x+1][y]+mine[x+1][y+1]- 8 * '0');
}
```

（3）挖雷模块。该模块的主要功能是挖雷过程的实现。在本游戏中，挖雷模块的具体实现流程如下。首先需要在程序的开始阶段获取初始化后地雷的数量，然后开始执行具体的挖雷操作，在该操作执行结束后，判断是否所有的地雷都已经找到，如果没有全部找到，继续执行挖雷操作，如果全部地雷都已经找到，游戏结束。具体的流程如图 3-1-5 所示。

本案例中的所谓挖雷操作需要将所有的、没有存放地雷的方块位置都挖开，而剩下的方块位置则为地雷，当剩余地雷的数量与初始化的地雷数量相同时，挖雷成功，游戏结束，具体代码如下。

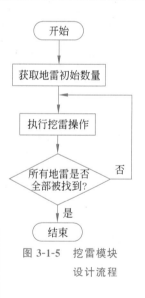

图 3-1-5　挖雷模块设计流程

```c
if(win==row * col - EASY_COUNT){
    printf("恭喜你,排雷成功");
    DisplayBoard(mine,ROW,COL);
}
```

其中，变量 win 为循环控制变量，初值为 0，每当用户安全挖开一个位置，win 的值加 1，直到变量 win 的值等于棋盘中所有格子的数量减去初始化地雷的数量时，循环结束。循环条件如下。

```c
while(win< row * col - EASY_COUNT){
/ * 循环体内为具体的挖雷操作 * /
}
```

如果在挖雷的过程中，用户所选的方块的位置恰好为地雷存放的位置，那么挖雷失败，游戏结束，返回游戏初始化界面，代码如下。

```
if(mine[x][y]=='1'){
        printf("很遗憾,你被炸死了\n");
        DisplayBoard(mine,ROW,COL);
        break;
    }
```

本阶段的 3 个模块的详细代码可以扫描左侧二维码获取。

源代码

1.2.3　综合设计

阶段要求:程序结构、库函数、源文件以及头文件。

本阶段的主要目的是整合上述各阶段的代码,使之构成一个完整的 C 语言程序。本案例设计的扫雷游戏总共包含 3 个源程序文件 mine-main.c、function.c 及 mine.h。这 3 个文件实现了不同的功能,其中,mine-main.c 文件是主源文件,function.c 文件中包含了具体的功能函数,mine.h 文件中对所需要函数进行了声明。下面对这 3 个文件进行解释说明。

(1) mine-main.c 文件。该文件为整个程序的主源文件,文件的核心是程序的主函数 main()函数。在主函数中,通过本部分 1.2.1 节中实现的分支结构,来控制整个游戏的开始或者退出。同时,该文件中还包含了 menu()和 play()两个函数。menu()函数实现了游戏菜单的显示,play()函数则用于调用各功能函数,也就是游戏的具体的执行。此时,在本部分 1.2.1 节步骤 2 中,有关游戏开始部分的执行,就可以通过调用 play()函数来实现,具体代码如下。

```
switch(inputdata){
        case 1:
            play();
            break;
        /* 以下程序与本部分 1.2.1 节步骤 2 中代码一样 */
}
```

(2) function.c 文件。该文件包含了各功能函数的定义,用户可以通过函数的调用来实现游戏的基本功能。具体函数如下。

```
void InitBoard(char board[ROWS][COLS],int rows,int cols,char set){…}
/* 初始化设置函数 */
void DisplayBoard(char board[ROWS][COLS],int row,int col){…}
/* 游戏棋盘初始化函数 */
void SetMine(char mine[ROWS][COLS],int row,int col){…}
/* 布雷函数 */
static int GetMineCount(char mine[ROWS][COLS],int x,int y){…}
/* 附近地雷个数计算函数 */
void FindMine(char mine[ROWS][COLS],char show[ROWS][COLS],int row,int col){…}
/* 挖雷操作函数 */
```

其中,static 关键字可用于变量与函数中,使用 static 关键字声明的函数是静态函数,它们的作用域被限制在定义它们的源文件中,它们不能被其他文件中的函数调用。GetMineCount()

函数是为了辅助完成 FindMine() 函数的功能而定义的,二者处于同一文件中,为避免冲突,此处采用了 static 关键字进行定义。

(3) mine.h 文件。按照引言部分所介绍的方法,为了避免不必要的重复性声明,以及减少程序的维护成本,本案例将所有的宏定义、库函数的引用以及功能函数的声明统一写入了 mine.h 文件中。为防止头文件被重复编译,一般性的做法是在头文件的开头,添加代码 ♯pragma once。

至此,已经介绍完一个简单的扫雷游戏开发的全过程,大家可以打开编译器,创建一个新的工程,开启自己的扫雷之旅。本案例的详细代码可以扫描右侧二维码获取。

源代码

1.3　系统测试与总结

1.3.1　系统测试

按照引言中工程案例开发基础的介绍,在本案例中,为了保障游戏运行的稳定性,需要开展实施有效的系统测试。所谓的有效系统测试就是在实际运行环境下对已完成的扫雷游戏进行的一系列严格、有效的测试,以发现游戏潜在的问题,保证游戏的正常运行。下面编写测试用例,对系统进行黑盒测试,即测试游戏的各功能是否符合要求,如表 3-1-1 所示。

表 3-1-1　扫雷游戏测试用例表

编号	所属模块	测试输入	预　期　结　果	测试结果
CS001	界面框架	启动游戏	正常进入初始化菜单	
CS002	界面框架	输入 0 或 1	正常开始游戏或退出游戏	
CS003	界面框架	输入错误数字	提示输入 0 退出游戏或者输入 1 开始游戏	
CS004	逻辑执行	输入随机坐标	当前位置为空,显示周围地雷的数量	
CS005	逻辑执行	输入随机坐标	当前位置为雷,提示游戏失败	
CS006	逻辑执行	挖开所有空坐标	游戏成功,结束游戏	

综上所述,本游戏各模块运行正常,系统整体运行正常,无明显异常,满足可行性、有效性、可靠性的要求。在进行测试时会发现,与操作系统自带的经典扫雷游戏相比,本游戏在功能上还有一些不足之处。

1.3.2　系统总结与扩展

通过对扫雷游戏的编写,对输入和输出函数的使用已经有了进一步了解,对循环以及数组的应用也有了进一步的提高,同时,对函数的定义与调用也加深了理解。更为重要的是,通过软件工程方法完成一个完整的程序的编写,有效地提高了对计算机程序设计与开发的认知。实际上,本案例只是一个简化版的控制台界面的扫雷游戏,例如,操作系统中自带扫雷游戏,其界面更加绚丽,功能也更加强大,下面给出该游戏的几个功能扩展的方向,有能力的读者可以进行选择性的开发。

(1)地雷标记模块:当输入位置坐标后,可以选择是挖开还是标记为此处为地雷。

(2)记录模块:记录从用户游戏开始,到游戏结束所花费的时间;记录每个用户游戏成功的局数和失败的局数。

(3)排行榜模块:根据记录模块的信息给出一个可更新的排行榜。

(4)游戏难度选择模块:不同的难度,棋盘的大小与地雷的数量不同。

案例2　工程入门实例——万年历

2.1　案例介绍

电子万年历就是模仿生活中的挂历，以电子的形式实现日历的基本功能。电子万年历相比于纸质日历应该具有更为灵活的显示内容和功能，如显示当月月历、标记当前日期、显示当前是星期几等。新增的功能会给生活带来更大的方便。

2.1.1　设计目的

设计一个万年历程序，实现日历的基本功能。软件可输出从公元1年开始的任意月份的月历，可输入指定日期查看日历及对应的星期信息等。

2.1.2　需求分析

这个案例的题目看似不难，实际上在编写程序之前要考虑方方面面的需求，即这个程序都要实现哪些功能。可以参考实际的日历和曾经见过的电子日历来梳理这个案例的功能需求。

（1）获取当前时间；

（2）日期查询；

（3）日期调整；

（4）日历显示。

以上可能只是根据设计要求初步想到的需求，在开始阶段，这个需求当然是越明确越好。但实际上，需求有可能是动态变化的，可能会加入新的需求或者原有的需求会发生改变。因此，在设计的时候要尽量遵循设计规范，使软件更具适应性，便于开发过程中的修改和调整。

2.1.3　总体设计

在编写程序即进行详细设计之前，要对软件做一个总体设计，即把软件拆分成若干功能模块。这些功能模块要做到各自功能相对独立，耦合在一起之后可以实现软件全部的需求。本软件可分成5个模块，如图3-2-1所示。

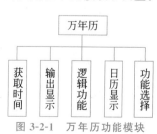

图 3-2-1　万年历功能模块

（1）获取时间模块。这个模块用来获取系统的当前时间。可以设想一下，当软件启动时，应该首先显示当前时间日期的日历，因此，这个模块应该在主函数中实现。当然，这个模块也可以封装成一个函数，但考虑其实现简单，也可以不封装。

（2）输出显示模块。这个模块用来控制输出显示。要实现的是一个控制台程序，只能通过 printf()等函数实现排版控制，所以需要在此模块内实现几个自定义的函数，如定位光标、打印分隔标志等。

（3）逻辑功能模块。这个模块用于实现软件中的一些基本功能，如判断某一年是否是闰年，检查用户输入的日期是否为有效日期等，这些功能都需要用函数独立封装起来。

（4）日历显示模块。这个模块用于生成和显示日历，属于本软件的核心功能。很显然，此模块需要调用输出显示模块的函数才能实现。

（5）功能选择模块。这个模块用于面向用户输入选择对应的功能，如调整日期、输入查询等。

2.2　详细设计

完整实现一个工程实例需要很多知识的综合运用，为了使读者能够循序渐进地分阶段学习并实现工程案例，后续将详细设计分成了 3 个阶段。每个阶段都有相应的已学知识点要求，并按照由易到难、由浅入深的方式展开。

2.2.1　输入日期并显示当月日历

能力要求：循环和数组。

本阶段实现由用户输入任意一个日期，程序显示该日期当月日历的功能。在实现这个程序的过程中，需要考虑如下问题。

（1）用户输入日期时需要按固定格式输入，以避免读入错误；

（2）在显示日历之前程序需要对用户输入日期的合法性进行验证，如果不合法则输出提示并结束程序；

（3）日历的显示除了需要明确当月的天数之外，还要计算当月的第一天是星期几，以便按正确的位置输出。

在没有学习自定义函数之前，需要将这些功能合理地安排在 main()函数内实现，按照"输入日期""验证日期合法性""计算当月第一天是星期几""输出显示"这样的顺序进行编程设计。简单的设计流程如图 3-2-2 所示。

以下分 4 个步骤详细说明。

1. 输入日期

日期的输入本身较为简单，输入"年""月""日"3 个整数即可。但为了保证输入方式的简洁和输入格式的统一，可要求用户按照一个固定的格式在同一行输入年、月、日信息，如2023-08-01。

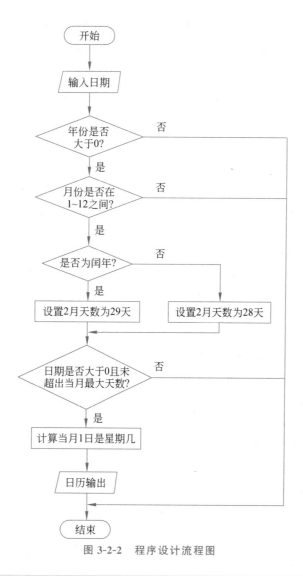

图 3-2-2 程序设计流程图

```
printf("Input date(%d-%02d-%02d ,eg)\n", 2023, 8, 1);
scanf("%d-%d-%d", &iYear, &iMonth, &iDay);
```

2. 判断日期的合法性

日期是否合法需要分别判断"年""月""日"是否在正确范围内。"年"和"月"的判断十分简单,较为复杂的是"日"的判断,因为不同的年份和月份里,一个月的天数是不同的。因此,可首先建立月份天数的一维数组,以便根据"月"来判定天数是否在正确范围之内。

```
int aiMon[13] = { 0, 31, 28, 31, 30, 31, 30, 31, 31, 30, 31, 30, 31 };
```

此处数组大小为 13 而不是 12 仅仅是为了后续根据月份数去访问对应的天数时可以直接使用月份数作为数组索引而不必减 1,因此数组的第 1 个元素是无意义的。其中,2 月份的天数需要根据是否为闰年进行调整。因此需要判断该年是否为闰年并更新 2 月份的天数。闰年的判定条件是满足下列两个条件之一即可：一是能被 4 整除但不能被 100 整除；二是能被 400 整除。

```c
if ((iYear % 4 == 0 && iYear % 100) || iYear % 400 == 0)
    aiMon[2] = 29;
else
    aiMon[2] = 28;
```

接下来仅需要比较 iDay 和 aiMon[iMonth]的大小即可判断天数是否超出了范围。

3. 计算某日是星期几

这个功能的算法略为复杂。由于公元 1 年 1 月 1 日是星期一，所以可以计算从公元 1 年 1 月 1 日一直到指定日期一共有多少天，再用这个天数对 7 取余数就得到了该日期是星期几。若 iYear 为指定日期的年份，则之前的完整年份数为(iYear−1)，将其乘以 365 得到天数，但是这里还需要考虑闰年的问题，即需要将这些年份中的闰年多出的 1 天加上。(iYear−1)/4−(iYear−1)/100+(iYear−1)/400 即闰年数，也就是多出的天数。接下来，再将指定日期当年的天数加上即可，这个参数的计算需要将之前月份的天数相加。

尤其要注意的是，2 月份的天数在判定日期合法性的时候已经进行了更新，因此此时无须再做多余的处理。但是，如果单独为这个计算星期几的功能写程序时，则需要根据是否是闰年对 2 月份的天数进行调整。

接下来进行天数的计算并求余后得到星期几的信息，核心代码如下。

```c
/*  获取该月份 1 号的星期  */
for (i = 1; i < iMonth; i++)
{
    iSum += aiMon[i];
}
iWeekday = ((iYear - 1) * 365 + (iYear - 1) / 4 - (iYear - 1) / 100 + (iYear - 1) /
400 + iSum) % 7;
```

代码中，iSum 是当年之前月份的天数总和，因为只需要知道当月 1 号的星期就可以依次推出后续日期的星期信息。最终的星期信息存储在 iWeekday 中，1～6 分别表示星期一到星期六，而 0 表示星期日。

4. 日历显示

首先显示日历头部信息，包括年份、月份和星期的排列，为便于排版，将星期日到星期六的信息按照英文缩写形式按顺序输出，每个星期信息为 3 个字符，前面加上一个空格。因此，后续输出"天"的时候，可保持每个整数占用 4 个字符位并以右对齐的方式输出。

```c
/* 显示日历信息 */
printf("The Calendar of %d\n", iYear);
```

```
printf("%s\n", acMon[iMonth]);
printf(" Sun Mon Tue Wed Thu Fri Sat\n");
```

接下来从第 1 天开始依次显示这个月的每一天。首先要考虑的是这个月的 1 号,不一定是星期日,它的起始位置需要在对应的星期信息下,因此需要首先输出 iWeekday * 4 个空格以定位到第 1 天的起始位置。

```
for(i=0;i<iWeekday;i++)
    printf("    ");
```

接下来按当月天数循环输出每一天。这里需要考虑两个问题:一是输出到星期六后需要换行;二是在输出用户输入的那一天时,需要针对那一天做一个特殊标记,这里采用给当天加一个圆括号的方式。核心代码如下。

```
while (iOutputDay <= aiMon[iMonth])
{
    if (iOutputDay == iDay)
    {
        if (iDay < 10)                        /* 只有一位的数与两位数处理不同 */
            printf(" (%d)", iOutputDay);
        else
            printf("(%2d)", iOutputDay);
    }
    else
        printf("%4d", iOutputDay);

    if (iWeekday == 6)                        /* 输出为星期六的日期后要换行 */
        printf("\n");
    iWeekday = iWeekday > 5 ? 0 : iWeekday + 1;
    iOutputDay++;
}
```

至此,一个日历显示程序就完成了。图 3-2-3 展示了本阶段程序运行的显示结果。

```
Input date(2023-08-01 ,eg)
2023-10-08
The Date is valid
The Calendar of 2023
October
 Sun Mon Tue Wed Thu Fri Sat
  1   2   3   4   5   6   7
 (8)  9  10  11  12  13  14
 15  16  17  18  19  20  21
 22  23  24  25  26  27  28
 29  30  31
```

图 3-2-3　日历显示结果

请扫描右侧二维码查看本阶段完整程序代码。

2.2.2　工程模块化并优化日历显示

能力要求:函数。

源代码

1. 日期判定和计算功能函数

随着工程的深入,实现的功能越来越多,需要按模块进行拆分。因此在本阶段将 2.2.1 节实现的各功能用函数封装起来。

首先,将日期合法性判定和计算某日期是星期几这两个功能分别封装成函数。此时要注意几个问题。第一,这两个功能都需要对闰年进行判定,因此可将闰年的判定也写成一个函数以便调用,实现代码复用的效果。第二,函数设计应具有通用性。因此,以日期合法性判定的函数为例,应将年、月、日作为函数的参数,而将是否合法(1 或 0)作为函数的返回值,不宜在函数内直接输出结果。同样,计算星期几的函数也应直接返回代表星期几的变量 iWeekday。第三,aiMon 和 acDay 这两个代表月份天数和星期信息的数组需要在多个函数内用到,因此可将它们定义为全局变量。

以检查日期有效性为例,该函数的写法如下。

```
/*    检查日期有效性    */
int CheckDate(int iYear, int iMonth, int iDay)
{
    if (iYear <= 0)
    {
        printf("The year should be a positive number!\n");
        return 0;
    }

    /*   检查月份是否有效   */
    if (iMonth < 1 || iMonth > 12)
    {
        printf("The month(%d) is invalid!\n", iMonth);
        return 0;
    }

    if(IsLeapYear(iYear))
        aiMon[2] = 28;
    else
        aiMon[2] = 29;

    if (iDay <= 0 || iDay > aiMon[iMonth])
    {
        printf("The day(%d) is invalid!\n", iDay);
        return 0;
    }

    printf("The Date is valid\n");
    return 1;
}
```

2. 排版显示函数

在第一阶段(2.2.1 节),一直使用 printf()函数控制日历的排版输出,因此需要小心翼翼地逐步控制每个字符包括换行符的输出。如果能够改变光标的位置从而控制输出内容的显示位置,必然会给排版设计带来极大的方便。因此,本节引入定位光标位置函数,以优化日历的排版显示,函数代码如下。

```
/*  定位到第 y 行 第 x 列  */
void GotoXY(int x, int y)
{
    HANDLE hOutput = GetStdHandle(STD_OUTPUT_HANDLE);
    COORD loc;
    loc.X = x;
    loc.Y = y;
    SetConsoleCursorPosition(hOutput, loc);
    return;
}
```

GotoXY(int x,int y)函数用于将光标定位至第 y 行第 x 列,函数中需要用到 Windows API 中的定位函数,因而需要引入 windows.h 文件。有一些编译器在包含了 system.h 头文件后,可以直接调用 GotoXY()函数,无须自行设计重写。在后续的设计中,可以通过该函数直接定位到某个坐标点,用于输出显示的定位控制。

此外,还可以设计打印空格、打印下画线等函数,方便在输出中插入空白和分割线,使界面更美观。

```
void PrintSpace(int n)
{
    if (n<0)
    {
        printf("It shouldn't be a negative number!\n");
        return;
    }
    while (n--)
        printf(" ");
}

void PrintUnderline()
{
    int i = LINE_NUM;
    while (i--)
        printf("-");
}
```

3. 日历显示函数

此模块用于输出当前选择日期所在的月份对应的月历。首先观察一下程序最终的输出效果,如图 3-2-4 所示。

从图 3-2-4 中可以看出,相比于第一阶段的显示效果,这一阶段的显示输出排版更为合理,信息更为丰富。首先,在第一阶段的基础上,此阶段增加了当日是星期几信息的输出。因此,可定义一个显示某日是星期几的函数方便调用,代码如下。

图 3-2-4 日历显示输出

```c
void PrintWeek(int iYear, int iMonth, int iDay)
{
    int weekDay;

    weekDay = GetWeekday(iYear, iMonth, iDay);
    printf("%4d-%02d-%02d,", iYear, iMonth, iDay);
    printf("%s", acDay[weekDay]);
}
```

而后,可以发现在显示输出月历时不包含前面的日期输入。也就是说,在显示月历时,可先进行清屏操作,然后再利用上面的 GotoXY() 函数快速定位,并在指定位置输出信息。显示月历前的核心代码如下。

```c
system("CLS");
GotoXY(LAYOUT, 0);
printf("The Calendar of %d", iYear);
GotoXY(LAYOUT + 11, 1);
printf("%s", acMon[iMonth]);

GotoXY(LAYOUT, 2);
PrintUnderline();
GotoXY(LAYOUT, 3);
printf(" Sun Mon Tue Wed Thu Fri Sat");
/* 不输出在本月第一星期中 但不属于本月的日期
每个日期占用 4 个空格   */
GotoXY(LAYOUT, 4);
PrintSpace(iDayInLastMon * 4);
```

其中,LAYOUT 为预先定义的宏,表示缩进空格的个数。而后使用和第一阶段相同的代码就可以实现月历的输出。

请扫描左侧二维码查看本阶段程序代码。

2.2.3 完整万年历设计

源代码

能力要求:指针和结构体。

在这一阶段将实现功能更为完整的万年历设计。随着功能模块以及函数的增多,采用单一文件的设计方式已不再适合。因此,在本阶段使用多文件的形式划分功能模块,构建工程。

1. 文件模块划分

根据总体设计,将设计 5 个 C 语言源文件代表不同的模块。具体介绍如下。

main.c:包含全局变量定义和主函数,主函数中包含当前时间获取功能,并负责总的流程调度。

calendar.c:包含日历显示函数。

typeset.c:包含光标定位等函数。

fun.c:包含日期合法性判定、闰年判定、星期计算函数。

key.c:包含根据用户按键进行功能选择的函数。

在第二阶段,calendar.c、typeset.c、fun.c 这 3 个文件中的函数已经设计完成,只需要将它们分别移动至对应的模块文件中,并编写头文件即可。在本阶段,需要完善主函数以及 key.c 文件模块的设计。

2. 主函数设计

在主函数文件中,除了主函数之外,还应该包括所有全局变量的定义。通常情况下,在主函数模块文件中只有一个 main()函数,而 main()函数是不可能被调用的,所以可以不建立与 main.c 相匹配的 main.h 头文件。但是,如果该源文件中需要使用一些必要的宏定义或是需要声明某种数据结构,如结构体声明,那么将这些宏定义和声明存放在 main.h 头文件中仍是一个好的做法。

在主函数 main()中,第一步要通过时间函数获取当前系统时间,作为程序的默认时间;第二步则是输出信息并等待用户输入。很显然第二步是需要实现另外几个模块,并调用它们的函数才可以实现。因此,主函数着重实现第一步,即获取当前系统时间的功能,即获取时间模块。

获取时间日期需要使用 time.h 中的库函数,并且本例中只需要日期,即年、月、日,是不需要时、分、秒信息的,因此可单独建立一个日期结构体 Date,并设定实际日期和当前选择日期两个全局变量。

此处简要说明与时间相关的几个变量和函数。time_t 实际上是 time.h 中定义的 long 类型的一个别名,也就是说,time_t 实际上就是长整型,这个长整型数据可以用来表示一个日历时间,从历史上的某个时间点(如 1970 年 1 月 1 日 0 时 0 分 0 秒)到当前一共有多少秒,这当然是一个很大的整数,所以必须用长整型来表示,而使用 time_t 这个别名只是为了说明它的时间属性。接下来,利用 time()函数就可以获得这个日历时间,该函数接收一个 time_t 指针类型的参数,并将计算出来的日历时间通过这个指针返回。当然,不同的编译器对于这个历史时间点可能有不同的取值,不过这里并不需要考虑,只需要获得当前的时间就可以了。而当前的具体时间就是通过 localtime()这个函数获得的。localtime()函数会将通过 time_t 指针传进来的日历时间转换为当地时间,并通过一个结构体指针返回,这个结构体就是 struct tm。这个结构体用于保存日历时间的各构成部分,各成员的用途及取值范围如下。

int tm_sec;从当前分钟开始经过的秒数(0,59);

int tm_min;从当前小时开始经过的分钟数(0,59);

int tm_hour;从午夜开始经过的小时数(0,23);

int tm_mday;当月的天数(1,31);

int tm_mon;从 1 月起经过的月数(0,11);

int tm_year;从 1900 年起经过的年数;

int tm_wday;从星期日起经过的天数(0,6);

int tm_yday;从 1 月 1 日起经过的天数(0,365);

int tm_isdst;夏令时标记。

编程时可以根据需要选择结构体成员使用,如本例只使用了其中的年、月、日 3 个成员。主函数的代码如下。

```
struct Date stSystemDate, stCurrentDate;
int main()
{
    time_t RawTime = 0;
    struct tm * pstTargetTime = NULL;
    time(&RawTime);                        //获取当前时间,存储在 rawtime 里
    pstTargetTime = localtime(&RawTime);   //获取当地时间

    stSystemDate.iYear = pstTargetTime->tm_year + 1900;
                                    /* 得到的时间是从 1900 年 1 月 1 日开始的 * /
    stSystemDate.iMonth = pstTargetTime->tm_mon + 1;
    stSystemDate.iDay = pstTargetTime->tm_mday;

    stCurrentDate = stSystemDate;

    GetKey();

    return 0;
}
```

可以看出,在获取了时间并存入对应的结构体后,直接调用 key.c 中的 GetKey()函数来进行总的调度,这就使得主函数的代码较为简洁。下面重点讲述 key.c,即功能选择模块的设计方法。

3. 功能选择模块

这是软件的最后一个模块,也是非常重要的一个模块。通常一个软件要包含多种功能,对于控制台程序而言,这些功能需要通过按键进行选择。程序会在一个循环中获取按键的键值,而后根据键值选择执行不同的功能分支。因此,在进行具体设计之前,需要采用文档或表格等形式规范不同的按键及其对应的功能,如表 3-2-1 所示。

表 3-2-1　按键功能说明表格示例

按　键	功　能　说　明
左右方向键	控制日期天数的增减
上下方向键	控制月份的增减

续表

按　键	功　能　说　明
I/i 键	查询日期
R/r 键	重置日期
Q/q 键	退出程序

在获取按键的时候,获取方向键的键值与普通键稍有区别,因为此类功能键包含两字节的键值码,其中第一个码均为−32,因此,可以通过判定获得的第一个键值字节是否为−32判定其是否为功能键,如果为功能键,再通过第二个键值码判定为具体哪一个键。键值码可在头文件中通过宏定义给出。于是可使用一个 GetKey()函数来完成全部的功能调度,这个函数内部实现一个循环,循环体内首先进行当前日期的日历显示,然后再读取下一个按键的键值,并转到对应的功能去执行(除退出程序外均包含日期的更新)。以下为该函数的核心代码。

```
while (1)
{
    PrintCalendar (stCurrentDate.iYear, stCurrentDate.iMonth, stCurrentDate
.iDay);
    cKey = getch();
    if (cKey == -32)
    {
        cKey = getch();
        switch (cKey)
        {
            case UP: /* 更新至上一个月 代码略 */ break;
            case DOWN: /* 更新至下一个月 代码略 */ break;
            case LEFT: /* 更新至前一天 代码略 */ break;
            case RIGHT: /* 更新至后一天 代码略 */ break;
        }
    else
    {
        if (cKey == 'I' || cKey == 'i')
        {
            printf ("Input date ( % d-% 02d-% 02d , eg) \n", stSystemDate.iYear,
stSystemDate.iMonth, stSystemDate.iDay);
            scanf ("% d-% d-% d", &stCurrentDate.iYear, &stCurrentDate.iMonth,
&stCurrentDate.iDay);
            CheckDate();
            getchar();
        }

        if (cKey == 'R' || cKey == 'r')
        {
            stCurrentDate = stSystemDate;
        }
```

```
        if (cKey == 'Q' || cKey == 'q')
        {
            printf("Do you really want to quit? <Y/N>");
            c = getchar();
            if (c == 'Y' || c == 'y')
                break;
        }
    }
}
```

程序运行后,显示当前日期的日历后,等待用户做下一步的输入,如输入 I 后输入所要查询的日期,可得结果如图 3-2-5 所示。

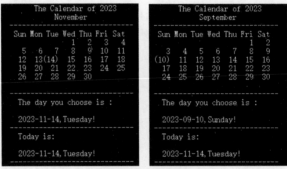

图 3-2-5   万年历查询

源代码

请扫描左侧二维码查看本阶段程序代码。

2.3   系统测试和总结

2.3.1   系统测试

至此,虽然已经完成了万年历软件的代码编写工作,软件也可以正常地编译运行,但是并不能保证这个程序毫无问题。因此,有必要对程序进行系统的测试。最常见的测试方式是遍历程序的每条功能路径,并设置合适的测试用例看是否可以得到预期的结果。测试用例的设置尽量包含一些特殊的边界以测试程序的适应性。表 3-2-2 是一个简易的测试用例表。

表 3-2-2   万年历软件测试用例表

编号	测试项	测试输入	预 期 结 果	测试结果
CL001	查询日期	输入查询日期(2017-2-29)	错误提示:This month(February) has at most 28 days	
CL002	无效按键	输入 A	无变化	
CL003	修改日期	按左、右方向键	日期正常跳转	

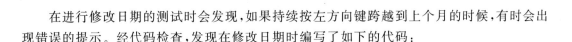

在进行修改日期的测试时会发现,如果持续按左方向键跨越到上个月的时候,有时会出现错误的提示。经代码检查,发现在修改日期时编写了如下的代码:

```
stCurrentDate.iMonth--;
stCurrentDate.iDay = 31;
```

也就是只要跨越到上个月,默认的日期就是 31 号,而很显然不是每个月都有 31 号,这就造成了程序的错误提示。虽然有提示,但这也是一个完全可以解决的缺陷(bug),可做如下修正:

```
stCurrentDate.iMonth--;
stCurrentDate.iDay = aiMon[stCurrentDate.iMonth];
```

问题就解决了。

2.3.2　系统总结

通过对万年历程序的编写,能够熟悉有关日期、按键等信息的处理方式,提高 C 语言的编程能力。更为重要的是,通过软件工程的方法去进行程序编写训练,可以有效地提高对软件设计开发的理解。实际上,这个案例也只是非常简单的程序,真正的工程要远比此复杂,但工程设计思想都是一致的。

在这个案例中,最重要的思想就是分模块实现。最后介绍分模块实现的好处。假设用户对这个万年历软件提出了新的需求,要求增加一个新的功能,即用户输入某一年的年份,显示全年的日历。可以发现,基于当前的结构,这个功能的加入并不用对原来的程序进行太大的修改。只需要在功能选择模块的 GetKey() 函数中为这个新功能加入一个分支,然后在日历显示模块中编写一个新的、显示全年日历的函数即可。这个拓展功能请读者自行完成。

案例 3　计算机视觉入门实例
——图像变换

3.1　案例介绍

计算机视觉是人工智能的一个重要分支,它是研究计算机如何获取、处理、分析和理解数字图像的技术。简而言之,计算机视觉的目标是使计算机拥有像人类一样感知视觉世界并从图像中了解环境的能力。

计算机视觉主要包括图像分类、物体检测、图像分割、目标跟踪、场景理解等。无论是哪种计算机视觉的应用,都要对数字图像进行读取和变换。本案例针对简单的数字图像进行变换处理,带领大家进入计算机视觉的领域。

3.1.1　设计目的

设计一个程序,可以实现 BMP 位图文件的读取,分别完成图像的灰度化、旋转、翻转等处理后再保存输出。

3.1.2　需求分析

针对需求,分析其核心的功能需求只有两个:一是 BMP 位图文件读取和保存;二是多种图像变换。

BMP 位图文件的读取和保存,需要理解和明确这一类文件的存储格式。而图像变换包含两种情况:一是图像的几何变换,如旋转和翻转;二是图像从彩色到灰度的变换。图像的几何变换是将一幅图像中的坐标映射到另外一幅图像中的新坐标位置,它不改变图像的像素值,只是改变像素所在的几何位置,使原始图像按照需要产生位置、形状和大小的变化。图像的灰度变换是指根据某种目标条件按一定变换关系,逐点改变源图像中每一像素灰度值的方法。目的是改善画质,使图像的显示效果更加清晰。图像的灰度变换处理是图像增强处理技术中的一种非常基础的、直接的空间域图像处理方法,也是图像数字化软件和图像显示软件的一个重要组成部分。

3.1.3　总体设计

根据软件需求,可将图像变换程序划分为 BMP 图像文件处理和 BMP 图像变换两个大模块,其中文件处理可再划分成文件读取和文件保存,而图像变换则可划分为灰度转换、水平翻转、垂直翻转、顺时针旋转、逆时针旋转等,如图 3-3-1 所示。

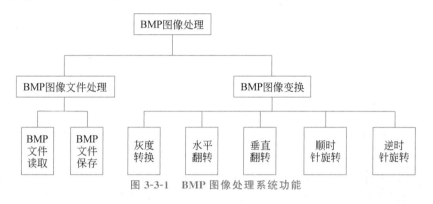

图 3-3-1　BMP 图像处理系统功能

3.2　详细设计

3.2.1　简单图像变换

能力要求:循环与数组。

1. 图像模拟显示

在第一阶段,将在命令行窗口中模拟一幅简单的图像,并对其进行翻转和旋转变换。这里将这个问题简单化,首先假设图像是一种单色图,即只有黑和白两种颜色。为了在命令提示符窗口中模拟显示图像,将每个像素点都使用一字节来存储,使用 * 表示黑色,使用空格表示白色,使用字符型的二维数组来存放一幅简单图像。由于图像的宽和高这两个参数需要在图像变换中反复使用,而且为了方便程序的扩展和移植,有必要使用宏定义,代码如下。

```
#define IMAGEWIDTH 5
#define IMAGEHEIGHT 3
```

然后直接创建一个二维数组并初始化。

```
char image[IMAGEHEIGHT][IMAGEWIDTH] = {
    {'*', ' ', ' ', ' ', ' '},
    {'*', '*', '*', ' ', ' '},
    {'*', '*', '*', '*', '*'},
};
```

接下来将这个二维数组直接按顺序输出,即可在命令提示符下模拟出图像。

```c
for(i=0;i<IMAGEHEIGHT;i++)
{
    for(j=0;j<IMAGEWIDTH;j++)
    {
        printf("%c", image[i][j]);
    }
    printf("\n");
}
```

2. 图像翻转

翻转也称为镜像,是指将图像沿轴线进行轴对称变换。水平镜像是将图像沿垂直中轴线进行左右翻转,垂直镜像是将图像沿水平中轴线进行上下翻转,水平垂直镜像是水平镜像和垂直镜像的叠加。

从算法的角度考量,翻转图像应该沿着轴线进行对称变换。本阶段为了将问题简单化,可新创建两个与原图像同型的数组来分别存储水平翻转图像和垂直翻转图像,然后使用整体逆序的方式进行翻转变换。以水平翻转为例,首先创建同型二维数组。

```c
char lr_flipped_image[IMAGEHEIGHT][IMAGEWIDTH];
```

而后针对原图像数组逐行逆序后存至新数组,代码如下:

```c
for(i=0;i<IMAGEHEIGHT;i++)
{
    for(j=0;j<IMAGEWIDTH;j++)
    {
        lr_flipped_image[i][j] = image[i][IMAGEWIDTH-1-j];
    }
}
```

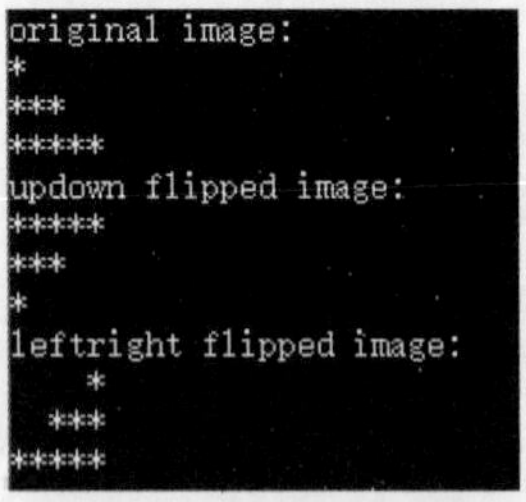

图 3-3-2　图像翻转结果

需要注意的是,这种算法虽然较为简单,但是其时间复杂度和空间复杂度都相对较高。也就是说,当图像非常大的时候,算法会占用较多的内存空间且执行效率比较低。

读者可自行完成图像的垂直翻转,并将变换前后的图像显示出来,如图 3-3-2 所示。

3. 图像旋转

接下来针对原始图像做顺时针 90°的旋转操作,采用和图像翻转相似的办法,首先要创建一个与原图像行数和列数调换的二维数组,用于存储旋转后的图像。

```c
char rotate90_image[IMAGEWIDTH][IMAGEHEIGHT];
```

然后通过 2 层循环进行行列的变换。

```
for(i=0;i<IMAGEWIDTH;i++)
{
    for(j=0;j<IMAGEHEIGHT;j++)
    {
        rotate90_image[i][j] = image[IMAGEHEIGHT-1-j][i];
    }
}
```

旋转后的图像如图 3-3-3 所示。

图 3-3-3　图像旋转

请读者自行完成逆时针旋转 90°的程序，可扫描右侧二维码查看本阶段完整程序代码。

源代码

3.2.2　点阵字图像生成与变换

能力要求：函数。

这一阶段将问题的难度增大，尝试进行点阵字图像的显示与变换。在第一阶段，图像的每个像素点都使用一字节来存储，但是在实际应用中不可能采用这种方式。一字节包含 8 个二进制位，如果用于存储单色图，如用 0 表示白色，1 表示黑色，则每个二进制位都可以存储一个像素点的信息。在一些简单的嵌入式设备中，文字输出采用的是点阵字库处理方式，而点阵字就是使用每个二进制位表示一个像素点的方式生成的。

首先使用点阵字制作软件，生成一个 16×16 大小的中文字"大"，并导出成数组形式如下。

```
/***********************************************************
 *  字体名称: 宋体
 *  点阵大小: 16×16
 *  字符数量: 1
 *  扫描方式: 水平扫描,MSB
 ***********************************************************/
    unsigned char data[32]=
    {
        //UNICODE:0x5927
0x01, 0x00, 0x01, 0x00, 0x01, 0x00, 0x01, 0x00, 0x01, 0x00, 0xFF, 0xFE, 0x01, 0x00,
0x01,0x00,
0x02, 0x80, 0x02, 0x80, 0x04, 0x40, 0x04, 0x40, 0x08, 0x20, 0x10, 0x10, 0x20, 0x08,
0xC0,0x06,
    };
```

这个字是按照水平扫描方式生成的，16×16 的大小即说明它共有 16 行 16 列共 16×16

＝256 个像素点,按 8 位合并成一字节,共需要 32 字节的存储空间。对于 data 这个数组而言,相当于每 2 个元素,即 16 个二进制位表示一行。

下面首先尝试在命令提示符窗口将这个中文字显示出来。首先进行宏定义:

```
#define LINEBYTES 2
#define HEIGHT 16
```

其中,LINEBYTES 表示每一行需要 2 字节。接下来创建一个函数来显示一个中文字。该显示函数的核心算法是采用三重循环来控制字符图像的显示,其中最外层循环用于控制每一行的输出,中间层循环用于控制该行的 2 字节的输出,最内层循环用于控制每字节内每个二进制位的输出。代码如下。

```c
void ShowImage(unsigned char data[])
{
    int i,j,k;

    for(i=0;i<HEIGHT;i++)
    {
        for(j=0;j<LINEBYTES;j++)
        {
            for(k=0;k<8;k++)
                printf("%2c", (data[i*LINEBYTES+j]>>(7-k))&0x01?'*':' ');
        }
        printf("%c", '\n');
    }
}
```

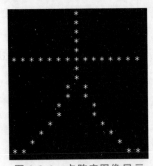

图 3-3-4　点阵字图像显示

由于需要一位一位地输出,因此需要使用到 C 语言的位操作运算。其中＞＞表示右移位,即需要将该字节数据中的某一位右移至最低位,然后使用位与运算符 & 使其只保留最低位。生成的字符图像如图 3-3-4 所示。

接下来对该图像进行变换操作,在这一阶段,需要将第一阶段中的各类变换重新封装成函数形式。以垂直翻转为例,采用和第一阶段相似的算法,只是需要将图像按每一位表示一像素的紧凑方式生成。核心代码如下。

```c
void FlipudImage(unsigned char data[])
{
    unsigned char fdata[LINEBYTES * HEIGHT];
    int i, j;
    for(i=0;i<HEIGHT;i++)
        for(j=0;j<LINEBYTES;j++)
            fdata[LINEBYTES * i+j] = data[LINEBYTES * (HEIGHT-1-i)+j];
    ShowImage(fdata);
}
```

生成的垂直翻转图像如图 3-3-5 所示。

读者可自行完成该图像的水平翻转和旋转的设计。

请扫描右侧二维码查看本阶段程序代码。

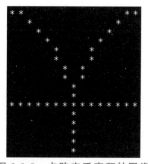

源代码

3.2.3　完整设计

能力要求：文件与结构体。

1. BMP 文件格式

图 3-3-5　点阵字垂直翻转图像

BMP 是 bitmap 的缩写形式,是 Windows 系统下的位图文件格式。它一般由 4 部分组成：文件头信息块、图像描述信息块、颜色表(在真彩色模式无颜色表)和图像数据区,在系统中以 BMP 为扩展名保存。

当打开 Windows 的画图程序,在保存图像为 BMP 格式时,可以看到 4 个选项：单色位图(黑白)、16 色位图、256 色位图和 24 位位图。一般的 BMP 图像都是 24 位,也就是真彩色位图。在 24 位位图格式里,每 8 位二进制数为一字节,24 位就表示使用 3 字节来存储每一像素的信息,3 字节对应存放 RGB 三原色(分别对应红、绿、蓝)的数据。每字节的存储范围都是 0～255。可以理解为,每一像素点的颜色是由这 3 种原色各自的分量叠加而成,每一种原色的亮度信息分成 256 级。例如,RGB(255,0,0)就代表纯红色,RGB(255,255,255)就代表纯白色。

任何类型的图像文件在计算机中都是以二进制数据形式存储的,为了使文件可以被应用程序识别并打开,必然要存储诸如图像的大小等必要的信息。对于 BMP 文件而言,这些必要的信息就分别存储在 BMP 文件的 4 部分中,下面分别说明。

1) 文件头信息块

```
//文件信息头结构体
typedef struct tagBITMAPFILEHEADER
{
    unsigned short bfType;              //必须是 BM 字符串,否则不是 BMP 格式文件
    unsigned int   bfSize;             //文件大小 以字节为单位
    unsigned short bfReserved1;         //保留,必须设置为 0
    unsigned short bfReserved2;         //保留,必须设置为 0
    unsigned int   bfOffBits;           //从文件头到像素数据的偏移
} BITMAPFILEHEADER;
```

此处是在 Windows 的头文件中定义的 BMP 文件头信息块结构体,从中可以清楚地看到文件头信息块的格式。整个文件头信息一共占用了 14 字节。其中,bfType 是 BMP 图片的标识字符串,必须为 BM,对应的十六进制为 0x4d42,应用程序在尝试打开此文件时如果前两字节不是 BM 就会认定这不是 BMP 文件。bfSize 表示整个 BMP 文件的大小。bfReserved1 和 bfReserved2 是保留位,必须设置为 0。bfOffBits 表示从文件头到像素数据的偏移,因为 BMP 文件第 4 部分才是真正的图像像素数据,因此 bfOffBits 也可以理解为是文件前 3 部分占用的字节数。

2）图像描述信息块

```
//图像信息头结构体
typedef struct tagBITMAPINFOHEADER
{
    unsigned int    biSize;             //此结构体的大小
    long            biWidth;            //图像的宽
    long            biHeight;           //图像的高
    unsigned short      biPlanes;       //表示 BMP 图片的帧数,通常恒等于 1
    unsigned short      biBitCount;     //一像素所占的位数,一般为 24
    unsigned int    biCompression;      //说明图像数据压缩的类型,0 为不压缩
    unsigned int    biSizeImage;        //像素数据所占大小,相当于 bfSize-bfOffBits
    long            biXPelsPerMeter;    //说明水平分辨率,用像素/米表示,一般为 0
    long            biYPelsPerMeter;    //说明垂直分辨率,用像素/米表示,一般为 0
    unsigned int    biClrUsed;          //说明位图实际使用的彩色表中的颜色索引数
    unsigned int    biClrImportant;     //说明对图像显示有重要影响的颜色索引的数目
} BITMAPINFOHEADER;
```

这一部分描述了图像的宽度、高度等 10 余项信息,共占用 40 字节。可对照此结构体各分项的注释说明理解该部分的作用。其中,大多数项的取值是固定的,需要根据实际的图像而设定的项主要有宽度、高度以及像素数据大小这几项。

3）颜色表

```
//像素信息结构体,即调色板
typedef struct _PixelInfo {
    unsigned char rgbBlue;          //该颜色的蓝色分量    (值范围为 0~255)
    unsigned char rgbGreen;         //该颜色的绿色分量    (值范围为 0~255)
    unsigned char rgbRed;           //该颜色的红色分量    (值范围为 0~255)
    unsigned char rgbReserved;      //保留,必须为 0
} PixelInfo;
```

如果位图使用 8 位、16 位这样较少的空间来存储一个像素点的颜色信息的话,就可以使用颜色表。颜色表,也即调色板,是指将一些固定的颜色信息存储到表中,然后使用颜色表的索引值来存储像素颜色信息,以便节省存储空间。然而对于目前介绍的 24 位真彩色 BMP 格式而言,是不需要颜色表的,因为使用它并不能节省空间。因此,在 24 位位图中,就只包含第一、二和第四部分。在后面的案例实现中,会把一个 24 位真彩色的图转换为灰度图像,而灰度图就需要使用颜色表这一区域了。在具体实现的时候会对这一部分作更为详细的说明。

4）图像数据区

这一部分就是真正的像素点颜色信息存储区了。在此部分记录着每个像素对应的颜色信息。当然,不同的位图格式占用的空间大小不同。例如,单色位图每像素点占 1 位;16 色位图每像素点占 4 位(半字节);256 色位图每像素点占 8 位(1 字节);真彩色图像每像素点占 24 位(3 字节)。因此,整个数据区的大小也会随之变化。

此外,数据区还有一些特别的规定。一是 BMP 文件记录一行图像是以字节为单位的。因此,就不存在一字节中的数据位信息表示的点在不同的两行中。更进一步,24 位位图中,

每一行的字节数要求必须是 4 的整数倍,如果不是就必须用 0 补齐。举个例子,一幅图像的宽度是 19 像素,一行像素点所需的实际存储大小是 19×3＝57 字节,但是由于 BMP 格式要求一行的字节数必须为 4 的整数倍,因此一行的实际大小是 60 字节,后面 3 字节将全部使用 0 来补齐。二是在实际存储中,数据区的存储顺序是按从下到上,从左到右的顺序存储的。也就是先存储图像的最下一行。在存储单个像素点的时候,是按 BGR 的顺序,即先蓝色分量,最后红色分量的顺序存储。

2. BMP 文件的读取和存储

熟悉了 BMP 文件的格式后,就可以开始编写 BMP 文件读写模块的函数。可以单独创建一个命名为 bmp.c 的源文件,在其中编写两个函数,分别完成 BMP 文件的读取和存储。

1) BMP 文件读取

所谓文件读取,就是把这个文件存储的信息提取出来。24 位位图文件分成文件头信息、图像描述信息和图像数据 3 部分,因此文件读取函数的功能就是把这 3 部分信息分别提取出来暂存至对应的区域,以方便后续编辑。其中,前两部分只需要按照各自区域的大小存储至相应的结构体变量中即可。代码如下。

```
//读取信息头、文件头
fread(pbf, sizeof(BITMAPFILEHEADER),1,fp);
fread(pbi, sizeof(BITMAPINFOHEADER),1,fp);
```

此处,fp 为 BMP 文件读取指针,pbf 和 pbi 分别为文件头信息和图像描述信息的结构体。

对于最后一部分图像数据区,因为涉及后续的图像变换,因此采用临时分配内存,并按行分别提取的方式较为合理。核心代码如下。

```
//为 24 位图像数据分配指针数组空间
imgdata = (unsigned char**)malloc((sizeof(unsigned char*)) * (pbi->biHeight));
if(pbi->biBitCount == 24)                       //24 位色
{
    linebytes = (pbi->biWidth * 3 + 3)/4 * 4;    //一行的字节数,应该是 4 的整数倍
    for (i=0; i < pbi->biHeight; i++)
    {
        imgdata[i] = (unsigned char*)malloc(sizeof(unsigned char) * linebytes);
    }
    for (i=0;i < pbi->biHeight; i++)     //将 BMP 图像的位图数据逐字节读到二维数组中
    {
        for(j=0; j < linebytes; j++)
        {
            fread(&imgdata[i][j], sizeof(unsigned char),1,fp);
                                            //每次读取一字节存入
        }
    }
}
```

2) BMP 文件存储

存储可以理解为读取的反向操作,即把编辑好的文件头信息、图像描述信息以及图像数

据按顺序存储成文件即可。核心代码如下。

```
fwrite(pbf, sizeof(BITMAPFILEHEADER),1,fp);
fwrite(pbi, sizeof(BITMAPINFOHEADER),1,fp);
linebytes = (pbi->biWidth * 3 + 3)/4 * 4;    //一行的字节数,应该是 4 的整数倍
for (i=0;i < pbi->biHeight; i++)              //将 BMP 图像的位图数据逐字节读到二维数组中
{
    for(j=0; j < linebytes; j++)
    {
        fwrite(&imgdata[i][j], sizeof(unsigned char),1,fp);//每次只读一字节存入
    }
}
```

3. BMP 图像变换

明确了 BMP 文件的结构,编写好了 BMP 文件读取和存储的模块,就可以进一步编写 BMP 图像变换的模块。可创建一个名为 transform.c 的源文件,在其中分别编写各类图像变换函数。这类函数都以上述位图文件 3 部分的指针作为参数,在函数内对获取到的图像信息进行编辑变换处理后再存入指定的文件中。下面分别以顺时针旋转 $90°$、左右翻转和灰度图像转换为例介绍 BMP 图像的变换方法。

1) 顺时针旋转 $90°$

在前面 BMP 文件格式介绍我们知道一个 24 位真彩色的 BMP 图像文件包含 3 个部分,文件头信息、图像描述信息和图像数据。利用 BMP 文件读取函数分别获取这 3 部分信息后,只需要对相应的信息进行编辑修改,再利用 BMP 文件存储函数生成新的图像即可。在这 3 部分信息中,第一部分文件头信息中只有文件大小一项(bfSize)需要更新。第二部分图像描述信息虽然较多,但是涉及旋转 $90°$ 变换而需要修改的参数只有 3 项:图像的宽和高以及图像数据区的大小,在结构体中分别为 biWidth、biHeight 和 biSizeImage。因此程序需将原图像的宽和高分别复制给新图像的宽和高两个参数,并重新计算旋转后的图像所需的字节数并更新。以下是此部分核心代码。

```
//先复制源图像的文件头与信息头
memcpy(&bf, pbf, sizeof(BITMAPFILEHEADER));
memcpy(&bi, pbi, sizeof(BITMAPINFOHEADER));
bi.biHeight = pbi->biWidth;
bi.biWidth = pbi->biHeight;
newlinebytes = (bi.biWidth * 3 + 3)/4 * 4;
newbiSizeImage = newlinebytes * bi.biHeight;
bi.biSizeImage = newbiSizeImage;
bf.bfSize = bf.bfOffBits + newbiSizeImage;
```

此处,pbf 和 pbi 分别是原图像的文件信息头结构体和图像信息头结构体,而 bf 和 bi 则是新创建的图像文件信息头结构体和图像信息头结构体。更新图像数据区大小以及整个文件大小之前需要计算新的图像每一行占用几字节。根据前面的 BMP 文件格式介绍,一幅图像的一行占用的实际字节数必须是 4 的倍数,因此对于原图像而言,每行的实际字节数可表

示为：

```
newlinebytes = (bi.biWidth * 3 + 3)/4 * 4;
```

这里，3 表示每个像素点包含 RGB 3 个分量占用 3 字节，而加 3 后除以 4 再乘以 4 则是为了
保证补齐 4 倍数的字节数。然后每行字节数与高度相乘就得到了数据区的大小。

接下来为新图像分别临时存储空间。

```
rordata = (uchar**)malloc(sizeof(uchar *) * pbi->biWidth);
for(i=0; i < pbi->biWidth; i++)
{
    rordata[i] = (uchar *)malloc( sizeof(uchar) * newlinebytes);
}
```

然后可实现图像的旋转变换。

```
//位图数据转置后对应的赋值，3 字节当作矩阵的一个元素
for(i=0; i < pbi->biHeight; i++)
{
    for(j = 0; j < 3 * pbi->biWidth; j +=3)
    {
        rordata[pbi->biWidth - 1-j/3][3 * i] = imgdata[i][j];
        rordata[pbi->biWidth - 1-j/3][3 * i+1]=imgdata[i][j+1];
        rordata[pbi->biWidth - 1-j/3][3 * i+2]=imgdata[i][j+2];
    }
}
```

这个变换过程涉及众多细节，因此实现并不容易。需要注意两点：一是变换实际上就
是像素点位置的改变，因为一像素点包含 3 字节，因此循环体内包含连续 3 条语句实现 3 字
节的连续赋值；二是旋转相当于原图像的一行变成了新图像的一列，因此原图像的行号、列
号与新图像的行号、列号涉及交换、翻转，并且还需考虑到 3 字节一像素的倍数变换操作。

图像变换完成后，将新图像的 3 部分信息传递给 BMP 文件存储函数保存即可。

```
write_bmp("ror90.bmp", &bf, &bi, rordata);
```

2）左右翻转

图像的左右翻转相对简单，因为不涉及图像的宽度和高度变化。BMP 文件的前两部分
信息只需原样复制即可。

```
//先复制源图像的文件头与信息头
memcpy(&bf, pbf, sizeof(BITMAPFILEHEADER));
memcpy(&bi, pbi, sizeof(BITMAPINFOHEADER));
bi.biHeight = pbi->biHeight;
bi.biWidth = pbi->biWidth;
```

然后根据每行的字节数，生成新图像的临时存储区，并进行翻转变换。

```
linebytes = (pbi->biWidth * 3 + 3)/4 * 4;
fuddata = (uchar**)malloc(sizeof(uchar*) * pbi->biHeight);
for(i=0; i < pbi->biHeight; i++)
{
    fuddata[i] = (uchar*)malloc( sizeof(uchar) * linebytes);
}

//位图数据转置后对应的赋值,3字节当作矩阵的一个元素
for(i=0; i < pbi->biHeight; i++)
{
    for(j = 0; j < linebytes; j +=3)
    {
        fuddata[pbi->biHeight-1-i][j] = imgdata[i][j];
        fuddata[pbi->biHeight-1-i][j+1]=imgdata[i][j+1];
        fuddata[pbi->biHeight-1-i][j+2]=imgdata[i][j+2];
    }
}
```

3) 图像灰度化

灰度图,又称为灰阶图。把白色与黑色之间按对数关系分为若干等级,称为灰度。灰度分为 256 阶。任何颜色都由红、绿、蓝即 RGB 三原色组成,而灰度图只有一个通道,它有 256 个灰度等级,255 代表全白,0 表示全黑。如果采用 RGB 三原色表示,只需将三种原色的数值设置为完全一致就可以得到对应的灰度表示。

将 24 位真彩色位图图像转换成灰度图相比旋转、翻转操作而言要复杂得多。最重要的区别是灰度图需要用到前面介绍的 BMP 位图文件结构中的第三部分,即颜色表。在灰度图中只需要 256 种颜色(实际是 256 级从黑色到白色的灰阶),从 RGB(0,0,0)到 RGB(255,255,255)。为了节省存储空间,如 BMP 文件格式处所述,可以为这 256 种颜色建立索引表。一个颜色信息结构占用 4 字节,因此颜色表一共需要 $256 \times 4 = 1024$ 字节。在 BMP 文件结构的最后一部分,即图像数据区就可以不再使用 RGB 表示像素颜色信息了,而是直接使用对应的颜色在颜色表中的索引。如此,一个像素只需要 1 字节,相当于 24 位真彩色位图每个像素占用 3 字节,这就显著地节省了存储空间。

将彩色图转换为灰度图还需要一个重要的步骤是 RGB 到灰阶的转换,最常用的方法是加权法。转换公式为

$$GRAY = 0.299 \times R + 0.587 \times G + 0.114 \times B$$

下面详述彩色图转灰度图函数的写法。首先要注意的是,由于灰度图的文件结构比彩色图多出了一个颜色表,且数据区的格式也不一致,因此之前设计的 BMP 图像存储函数是无法直接调用的。暂时采用在此转换函数内直接写文件的方式保存灰度图像。

由于彩色图与灰度图在文件头信息和图像描述信息两个结构体内的众多属性信息都不一致,因此首先对这些信息进行修改、更新,代码如下。

```
newlinebytes = ((pbi->biWidth+3)/4) * 4;        //灰度图每行字节数,必须为 4 的整数倍
imagsize = newlinebytes * pbi->biHeight;        //计算灰度图大小
memcpy(&bi, pbi, sizeof(BITMAPINFOHEADER));     //复制位图信息头
```

```
bi.biBitCount = 8;                              //灰度图文件像素
bi.biSizeImage = imagsize;                       //灰度图大小
bf.bfType = 0x4d42;                              //灰度图文件类型
bf.bfReserved1 = bf.bfReserved2 = 0;
bf.bfOffBits = sizeof(bf) + sizeof(BITMAPINFOHEADER) + 256 * sizeof(RGBQUAD);
bf.bfSize = pbf->bfOffBits + imagsize;           //计算灰度图文件大小

fwrite(&bf, sizeof(BITMAPFILEHEADER),1,fp);     //写入灰度图文件头
fwrite(&bi, sizeof(BITMAPINFOHEADER),1,fp);     //写入灰度图的信息头
```

这段代码中较为重要的部分是灰度图大小的计算和 BMP 文件大小的计算。灰度图只使用 1 字节保存像素信息,因此大小就是图像的宽度凑足 4 的整数倍与高度的乘积。而 BMP 文件大小则需要注意增加颜色表部分,即 $256 *$ sizeof(RGBQUAD)。

接下来开始建立颜色表,因为灰度颜色的 RGB 三原色取值一致,因此只需要一个循环就可以快速完成颜色表赋值。

```
//创建调色板,初始化,并写入灰度图像文件
ipRGB = (RGBQUAD * )malloc(256 * sizeof(RGBQUAD));
for (i = 0; i < 256; i++)
    ipRGB[i].rgbRed = ipRGB[i].rgbGreen = ipRGB[i].rgbBlue = (BYTE)i;
fwrite(ipRGB,sizeof(RGBQUAD),256,fp);           //写入灰度图的调色板
```

最后一步就是将原始的 RGB 图像数据按公式转换为灰度值存入灰度图像数据区,代码如下。

```
gray_data = (unsigned char * )malloc(sizeof(uchar) * imagsize);
for (i=0; i < pbi->biHeight; i++)
{
    line_start = newlinebytes * i;              //以二维数组方式计算 i 行的首位置
    for (j = 0; j < newlinebytes; j++)          //逐个计算灰度图的像素值
    {
        gray_data[line_start + j]= (int)((float)imgdata[i][3 * j] * 0.114 + \
            (float)imgdata[i][3 * j + 1] * 0.587 + \
            (float)imgdata[i][3 * j + 2] * 0.299);
    }
}
fwrite(gray_data, imagsize, 1, fp);             //写入灰度图的图像数据
```

4. 主函数设计

这个工程的最后一步是编写主函数,读取用户输入,调度图像变换函数。可设计为首先由用户输入要变换的图像文件名,然后列出此程序支持的全部变换方式供用户选择,再根据用户的选择执行相应的变换函数。此部分核心代码如下。

```
while(still)
{
```

```
print_host_men();
do
{
    printf("请选择:");
    scanf("%d", &options);
}while(options > 6 || options < 1);

switch(options)
{
    case 1: still = NO;                      //退出程序
        break;
    case 2: to_gray(&bf,&bi,imgdata);        //灰度化
        break;
    case 3: ror90(&bf,&bi,imgdata);          //顺时针旋转 90°
        break;
    case 4: rol90(&bf,&bi,imgdata);          //逆时针旋转 90°
        break;
    case 5: flipud(&bf,&bi,imgdata);         //上下翻转
        break;
    case 6: fliplr(&bf,&bi,imgdata);         //左右翻转
        break;
    default: break;
    }
}
```

在用户选择退出程序后,可以一次性释放之前申请的内存。程序运行后,选择不同的路径分别验证结果。图片转换的部分结果如图 3-3-6 所示。

彩图

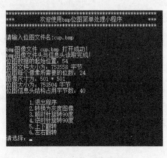

(a) 读入文件选择功能

(b) 原图

(c) 灰度图

(d) 逆时针旋转90°图

(e) 左右翻转图

(f) 上下翻转图

图 3-3-6 图片转换的部分结果

源代码

请扫描左侧二维码查看本阶段程序代码。

3.3 系统测试和总结

3.3.1 系统测试

程序编写完成后，需要进行完整的测试以验证功能。表 3-3-1 为一个简单的测试用例表。

表 3-3-1 图像变换程序测试用例表

编号	测试项	操作	预期结果	测试结果
CS001	读取 BMP 文件	输入文件名	显示 BMP 文件信息	
CS002	灰度图转换	输入 2	生成灰度图文件	
CS003	顺时针旋转 90°转换	输入 3	生成变换后的图文件	

在测试程序的时候，要尽量做到完备。一个大型程序是很难做到对所有可能的用户输入都得到正确的结果，必须通过测试来修改和完善程序。如果在测试的时候，只采用程序所期望的输入，甚至是程序编写者自己所期望的输入，是无法得到完备的测试结果的。例如，在这个程序中，如果采用一个已经是灰度图的 BMP 图像作为输入，是可以正确读出文件信息的，但是因为灰度图的结构与彩色图不同，后续的转换是无法完成的，程序运行会出现异常。当测试出这个问题后，就可以添加代码提示用户输入的图像文件有误，以免程序继续运行而得到错误的结果。

3.3.2 系统总结

通过对 BMP 图像变换程序的练习，可以理解并掌握 BMP 图像文件的结构以及对于这种规范结构化文件的编辑处理方法。这个案例告诉我们，类似于 BMP 类型的文件，都是按标准的规范组织起来的。只要明确了文件的结构和内容组织，就可以对它进行修改和编辑。例如，一个 MP3 音频文件也是具有和 BMP 类似的文件结构，在音频数据区外还有专门的文件头信息，用于记录该 MP3 文件的歌手、标题、专辑名称、年代、风格等信息。只要知道文件的具体结构，就可以采用同样的方式对其进行修改。

当然，这个程序也并不完善。例如，在转换灰度图的时候，并不能调用 BMP 文件存储函数，因为该函数是针对 24 位彩色图而设计的。其实可以设计一个通用性更好的 BMP 文件存储函数，可以兼容灰度图和彩色图。再比如，本案例只实现了 5 种图像转换功能，其实还可以继续增加其他的转换函数，如图像的缩放等。这些拓展功能请读者自行思考完成。

案例 4　数据分析入门
——个性化推荐

4.1　案例介绍

数据分析是指用统计分析方法对收集来的数据进行分析,将它们加以汇总和理解,以求最大化地开发数据的功能,以便于发挥数据的作用。数据分析在各领域中都扮演着关键的角色,它有助于揭示隐藏在数据中的信息、趋势和见解,从而支持决策制定、问题解决和业务优化。例如,通过对数据的分析,可以对用户进行细分,发现潜在用户群体,从而实现精准营销和个性化推荐。

个性化推荐是可以为用户提供符合其个人需求的产品或服务,提高用户的满意度,从而增加企业的收益和竞争力,这在许多领域都有应用。例如,在电子商务领域,个性化推荐系统可以根据用户的购买历史和浏览行为向他们推荐产品;在社交媒体领域,社交媒体平台可以使用个性化推荐来展示用户可能感兴趣的帖子或超链接。下面利用所学知识,设计和实现一个简单的个性化推荐系统。

4.1.1　设计目的

利用基于协同过滤的推荐算法设计并实现一个简单的个性化推荐系统,系统可根据用户的历史行为数据,挖掘用户的个人喜好,为用户推荐其可能喜欢的商品,并输出推荐结果。

4.1.2　需求分析

每个用户都希望能够找到符合自己期望的个性化服务,依靠人工实现推荐显然效率低下,而推荐系统能够实现高效、大规模的推荐。推荐系统能将信息和用户连接,帮助用户找到感兴趣的信息。协同过滤推荐算法是一种比较经典的推荐算法,它的算法思想就是"物以类聚,人以群分"的体现。协同过滤,从字面上理解,包括协同和过滤两个操作。例如,在外出和朋友吃饭的时候,会问身边的朋友哪些饭店味道比较好,看看最近有什么美食推荐,而人们一般更倾向于从口味比较类似的朋友那里得到推荐。这就是协同过滤的核心思想。

　　本案例采用的基于协同过滤的推荐算法可以分为两个简单的子类：基于用户的推荐（user-based recommendation）和基于物品的推荐（item-based recommendation）。

　　基于用户的协同过滤算法，主要基于"跟你爱好相似的人喜欢的东西你也可能会喜欢"的假设思想，其实现主要分为如下 3 个步骤。

　　（1）收集用户偏好；

　　（2）找到和目标用户有相似偏好的用户，也就是计算用户之间的相似度；

　　（3）然后将相似用户喜欢的、目标用户未曾接触的物品推荐给目标用户。

　　基于物品的协同过滤算法，主要基于"跟你喜欢的物品相似的物品你也可能会喜欢"的假设思想，其实现主要分为如下 3 个步骤。

　　（1）收集用户偏好；

　　（2）计算物品之间的相似度；

　　（3）根据物品的相似度和用户的历史行为给用户生成推荐列表。

　　本案例主要采用基于用户的协同过滤算法来实现个性化推荐，系统整体流程可依据上面的 3 个步骤来完成。其中，收集用户偏好部分是系统的最基础部分，主要负责收集用户行为数据。数据来源按时间来划分可以分为用户当前的行为数据和用户访问过程中的历史行为数据，也可以分为个人输入数据和群体输入数据两部分。用户个人输入数据主要指推荐系统的目标用户为了得到系统准确的推荐结果，而对一些项目进行评价，这些评价表达了用户自己的偏好。用户相似度计算和推荐模块是个性化推荐系统的核心部分，它直接决定着推荐系统的性能优劣。关于相似度的计算，现有的方法主要是基于向量（vector）的，也就是计算两个向量的距离，距离越近相似度越大。在推荐场景中，可将用户—物品偏好存储在一个二维矩阵中，然后将一个用户对所有物品的偏好作为一个向量来计算用户之间的相似度，或者将所有用户对某个物品的偏好作为一个向量来计算物品之间的相似度。

4.1.3　总体设计

　　需求分析之后，在编写程序，即进行详细设计之前，要对软件进行总体设计，即把软件拆分成若干功能模块。这些功能模块要做到各自功能相对独立，耦合在一起之后可以实现软件全部的需求。根据系统整体工作流程，可将系统主要分成 3 个模块，如图 3-4-1 所示。

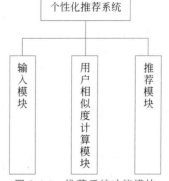

图 3-4-1　推荐系统功能模块

　　（1）输入模块。这个模块用来获取用户的历史行为（偏好）数据，数据获取形式可以采用文件读写形式读取用户的历史偏好，也可以采用在程序中直接初始化的方式来实现。

　　（2）用户相似度计算模块。本模块与后面的推荐模块一起构成系统的核心模块，用来实现个性化推荐系统的推荐功能，这里基于用户的协同过滤算法来实现，算法整体实现流程如图 3-4-2 所示。

　　（3）推荐模块。基于用户相似度计算模块的计算结果，根据相似用户对物品的历史偏好，将其喜欢的物品推荐给目标用户，完成推荐功能。

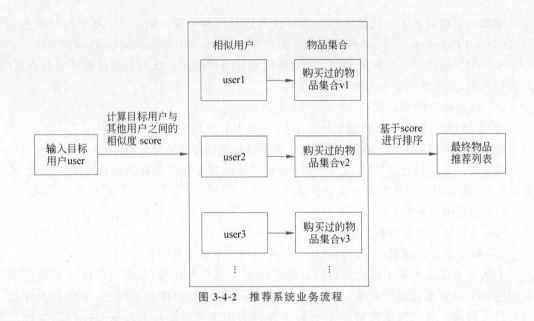

图 3-4-2 推荐系统业务流程

4.2 详细设计

4.2.1 用户相似度计算

能力要求：循环、数组。

本阶段的主要目的是掌握常用的相似度计算方法的原理和具体实现。其中，获取用户历史行为数据的方法采用二维数组的形式来存储。

1. Jaccard 相似度计算方法

计算相似度常用的方法有余弦算法、修正余弦算法、Jaccard 相似度算法等。本案例根据用户—物品交互矩阵计算用户之间的相似度，采用 Jaccard 相似度计算算法，将计算目标用户的最相似用户喜欢过的商品推荐给目标用户。Jaccard 相似度是一种用于衡量两个集合之间相似度的统计指标，通常用于集合论和数据挖掘领域。下面解释如何使用 Jaccard 相似度来计算两个用户之间的相似度。

首先，定义一些术语。

集合：集合是由元素组成的无序集合，其中每个元素在集合中只出现一次。

交集：两个集合的交集是包含两个集合中共同元素的新集合。

并集：两个集合的并集是包含两个集合中所有元素的新集合，每个元素只出现一次。

在这个上下文中，将用户看作集合，其中每个用户的交互物品构成了该用户的集合。例如，对于用户 A 和用户 B，它们的交互物品分别构成了两个集合，可以使用 Jaccard 相似度来衡量这两个用户之间的相似性。Jaccard 相似度的计算公式如下。

$$\text{Jaccard 相似度} = \text{交集的大小} / \text{并集的大小} \tag{3-4-1}$$

学习完二维数组知识后，可以采用二维数组来存储用户—物品之间交互矩阵的值。例如可以基于如下语句，定义并初始化 userItemMatrix 二维数组，1 表示用户与物品有交互，0 表示无交互，这部分代码可放到主函数外面，程序开始处，用来进行数据的初始化。

```
#define NUM_USERS 5                          //用户数
#define NUM_ITEMS 5                          //物品数
int userItemMatrix[NUM_USERS][NUM_ITEMS] = {
    {1, 0, 1, 0, 1},
    {0, 1, 1, 0, 0},
    {1, 0, 0, 1, 0},
    {0, 1, 0, 0, 1},
    {1, 0, 1, 0, 0}
};
```

接着，计算 Jaccard 相似度算法实现的具体步骤如下。

(1) 初始化 3 个计数器。

commonItems：记录两个用户共同交互的物品数量。

totalItemsUser1：记录用户 1 交互的总物品数量。

totalItemsUser2：记录用户 2 交互的总物品数量。

(2) 遍历物品。

对于每个物品，检查它是否同时被用户 1 和用户 2 交互(即存在于两个用户的交互集合中)。如果是，计数器 commonItems 的值增 1。同时，检查每个物品是否被用户 1 和用户 2 中的任何一个交互，以更新两个用户的总交互物品数量。

(3) 使用上述计数器的值，计算 Jaccard 相似度。

Jaccard 相似度＝commonItems/(totalItemsUser1＋totalItemsUser2－commonItems)

$$(3\text{-}4\text{-}2)$$

这个相似度值范围在 0 到 1 之间，越接近 1 表示两个用户之间的相似度越高，因为它们交互的物品更相似。这就是 Jaccard 相似度在推荐系统中用于度量用户之间相似性的基本原理。在这个示例中，它被用来找到与目标用户最相似的用户，然后向目标用户推荐那些与最相似用户交互，但目标用户没有交互的物品。

具体代码如下。

```
//使用 Jaccard 相似度计算两个用户之间的相似度
int main() {
    int user1 = 0;                          //第 1 个用户,可根据需要更改
    int user2 = 1;                          //第 2 个用户,可根据需要更改
    int commonItems = 0;
    int totalItemsUser1 = 0;
    int totalItemsUser2 = 0;
    for (int i = 0; i < NUM_ITEMS; i++) {
        if (userItemMatrix[user1][i] && userItemMatrix[user2][i]) {
            commonItems++;
        }
        if (userItemMatrix[user1][i]) {
            totalItemsUser1++;
```

```
        }
        if (userItemMatrix[user2][i]) {
            totalItemsUser2++;
        }
    }
    double jaccardSimilarity = (double) commonItems / (totalItemsUser1 +
totalItemsUser2 - commonItems);
    printf("User[%d]和 User[%d]的 Jaccard 相似度为%f\n", user1, user2,
jaccardSimilarity);
    return 0;
}
```

程序的运行输出结果为：User[0] 和 User[1] 的 Jaccard 相似度为 0.250000。

请扫描左侧二维码查看本阶段完整的程序代码。

源代码

Jaccard 相似度是一种用于比较两个集合相似度的度量方法。而加权 Jaccard 相似度是对 Jaccard 相似度的扩展，它引入了权重信息。在某些应用中，不同元素可能具有不同的重要性。例如，在一个社交网络中，两个用户的兴趣爱好交集的大小可能比两个用户共同的好友数量更重要。为了考虑这种情况，可以使用加权 Jaccard 相似度。

2. 加权 Jaccard 相似度计算方法

加权 Jaccard 相似度的计算方式是将交集中每个元素的权重相加，然后除以并集中所有元素的权重之和。具体公式可表示为

$$J\_w(A, B) = sum(w\_x\ in\ A \bigcap B) / sum(w\_x\ in\ A \bigcup B) \tag{3-4-3}$$

其中，w_x 是元素 x 的权重。A∩B 表示集合 A 和 B 的交集。A∪B 表示集合 A 和 B 的并集。

举例说明，假设有两个集合 A = {a, b, c} 和 B = {b, c, d}，对应的权重分别为 w_a = 2，w_b = 3，w_c = 1，w_d = 4。则交集中元素的权重和为 $w\_b + w\_c$ = 3+1 = 4，并集中所有元素的权重和为 $w\_a+w\_b+w\_c+w\_d$ = 2+3+1+4 = 10。因此，加权 Jaccard 相似度为 $J\_w(A, B)$ = 4/10 = 0.4。

加权 Jaccard 相似度在一些实际应用中，特别是在推荐系统和信息检索领域，被广泛使用，因为它考虑了元素的权重信息，更符合实际场景。

下面实现了一个加权 Jaccard 相似度计算算法，部分代码如下。

```
//每个物品的权重,用于加权 Jaccard 相似度计算
double itemWeights[NUM_ITEMS] = {0.8, 1.0, 0.7, 0.9, 1.0};
int main() {
    int user1 = 0;
    int user2 = 1;
    int i,interaction1,interaction2;
    double weightedIntersect = 0.0;          //交集的权重和
    double weightedUnion = 0.0;              //并集的权重和
    double weightedJaccardSimilarity;
    //遍历每个物品
    for (i = 0; i < NUM_ITEMS; i++) {
```

```
        interaction1 = userItemMatrix[user1][i];
        interaction2 = userItemMatrix[user2][i];
        //如果两个用户都有交互
        if (interaction1 && interaction2) {
            weightedIntersect += itemWeights[i];
        }
        //如果至少一个用户有交互
        if (interaction1 || interaction2) {
            weightedUnion += itemWeights[i];
        }
    }
    //计算加权 Jaccard 相似度
    weightedJaccardSimilarity = (weightedUnion == 0)? 0.0: weightedIntersect/
weightedUnion;
    //输出结果
    printf("User[%d]和 User[%d]的加权 Jaccard 相似度为%f\n", user1, user2,
weightedJaccardSimilarity);
    return 0;
}
```

在上述代码中,省略了关于 userItemMatrix 二维数组的定义部分,可参考上面 Jaccard 相似度计算部分。每个物品都有一个对应的权重 itemWeights,用于衡量物品的重要性或影响力。这些权重可以根据实际情况进行设置。这里选择两个用户 user1 和 user2 来计算加权 Jaccard 相似度,可以根据需要更改这两个用户的索引值。使用两个计数器,weightedIntersect 用于统计两个用户交集的权重和,weightedUnion 用于统计两个用户并集的权重和。

首先,遍历每个物品。检查它是否同时被用户 1 和用户 2 交互,如果是,累加该物品的权重到 weightedIntersect 中。如果与用户 1 或者用户 2 中的任意一个有交互,则累加该物品的权重到 weightedUnion 中。

之后,计算加权 Jaccard 相似度。如果 weightedUnion 为 0,相似度为 0;否则,相似度为 weightedIntersect 除以 weightedUnion,这是加权的 Jaccard 相似度。最终,输出计算得到的加权 Jaccard 相似度。

程序的运行输出结果为:User[0]和 User[1]的加权 Jaccard 相似度为 0.200000。

请扫描右侧二维码查看本阶段完整的程序代码。

源代码

3. 余弦相似度计算方法

除了上面两种相似度计算方法之外,余弦相似度计算方法也是一种常见的可用在推荐系统中的相似度计算方法。余弦相似度基于两个非零向量的夹角来衡量它们之间的相似度。对于两个向量 A 和 B,它们的余弦相似度定义为

$$余弦相似度 = (A \cdot B)/(\|A\| * \|B\|) \tag{3-4-4}$$

其中,$A \cdot B$ 是向量 A 和 B 的点积;$\|A\|$ 和 $\|B\|$ 分别是向量 A 和 B 的范数。

直观上,如果两个向量的方向完全相同,余弦相似度为 1;如果两个向量的方向完全相反,余弦相似度为 -1;如果它们是正交的,余弦相似度为 0。

在这里的应用中，我们将每个用户的交互记录视为一个向量，其中每一维代表一个物品。例如，对于用户 A 和用户 B，如果他们都与物品 i 有交互，那么他们的向量在第 i 维都为 1。

具体实现步骤如下。

（1）初始化 3 个值。

dotProduct：表示两个用户向量的点积；

normUser1：用户 1 的向量范数的平方；

normUser2：用户 2 的向量范数的平方。

（2）遍历每个物品。

更新 dotProduct，将用户 1 和用户 2 的该物品的交互值相乘并累加；

更新 normUser1 和 normUser2，将用户的该物品的交互值的平方累加。

（3）使用上述的值，计算余弦相似度。

余弦相似度＝dotProduct／(sqrt(normUser1) ＊ sqrt(normUser2))

这个相似度值范围在－1 到 1 之间。在这个特定的应用中，由于用户的交互记录是 0 或 1，所以相似度值将在 0 到 1 之间。越接近 1 表示两个用户的交互更相似。这是余弦相似度在推荐系统中用于度量用户间相似性的基本原理。

具体实现参考代码如下，首先同样需要定义并初始化 userItemMatrix 二维数组（同上面 Jaccad 相似度计算部分）。

```c
int main() {
    int user1 = 0;                                //第 1 个用户,可以根据需要更改
    int user2 = 1;                                //第 2 个用户,可以根据需要更改
    double dotProduct = 0.0;
    double normUser1 = 0.0;
    double normUser2 = 0.0;
    for (int i = 0; i < NUM_ITEMS; i++) {
        dotProduct += userItemMatrix[user1][i] * userItemMatrix[user2][i];
        normUser1 += userItemMatrix[user1][i] * userItemMatrix[user1][i];
        normUser2 += userItemMatrix[user2][i] * userItemMatrix[user2][i];
    }
    double cosineSimilarity = (normUser1 == 0.0 || normUser2 == 0.0) ? 0.0 :
dotProduct / (sqrt(normUser1) * sqrt(normUser2));
    printf ("User [% d] 和 User [% d] 的余弦相似度为% f \ n", user1, user2,
cosineSimilarity);
    return 0;
}
```

程序的运行输出结果为：User[0]和 User[1]的余弦相似度为 0.408248。

请扫描左侧二维码查看本阶段完整的程序代码。

源代码

4.2.2　基于协同过滤的推荐算法

能力要求：函数。

本阶段的主要目的是分别设计独立的函数来实现推荐算法中用户相似性计算和推荐模块这两部分模块,在推荐模块可直接调用用户相似性计算函数来进行计算,这样可大大提高程序的可读性。学习者需要掌握函数的定义和调用知识后开展本阶段的训练。

1. 用户相似性计算模块

前面内容中已实现了使用 Jaccard 相似度计算两个用户之间的相似度的算法,这里可定义函数将此算法封装起来,函数首部信息如下:

double calculateJaccardSimilarity(int user1, int user2)

在该函数定义中,可将所计算的相似度结果作为函数的返回值,其余内容同上,此处不再赘述。具体代码可参见本阶段完整代码中的 calculateJaccardSimilarity() 函数部分。

2. 推荐模块

利用 Jaccard 相似度算法,计算最相似用户,基于相似用户的偏好为目标用户推荐物品。具体代码实现如下。

```c
//基于相似用户的偏好为目标用户推荐物品
void recommendItems(int targetUser) {
    double similarities[NUM_USERS];
    double maxSimilarity = 0.0;
    int mostSimilarUser = -1;
    int i;
    //计算目标用户与其他用户的相似度
    for (i = 0; i < NUM_USERS; i++) {
        if (i == targetUser) {
            similarities[i] = 0.0;              //与自己的相似度为 0
            continue;
        }
        similarities[i] = calculateJaccardSimilarity(targetUser, i);
        //如果当前用户与目标用户的相似度更高,更新最相似用户
        if (similarities[i] > maxSimilarity) {
            maxSimilarity = similarities[i];
            mostSimilarUser = i;
        }
    }
    printf("为用户%d推荐的物品:\n", targetUser);
    for (i = 0; i < NUM_ITEMS; i++) {
    //如果最相似的用户与某物品有交互且目标用户没有,那么推荐该物品给目标用户
        if(userItemMatrix[mostSimilarUser][i] == 1 &&
userItemMatrix[targetUser][i] == 0) {
            printf("物品%d\n", i);
        }
    }
}
```

至此,大家可以利用所学的数组、函数等知识,采用从数组读取数据的方式来完成整个推荐系统的功能,请扫描右侧二维码查看本阶段完整的程序代码。

源代码

4.2.3 完整功能设计

能力要求：掌握文件读写操作。

在学习完文件的知识后，就可以以从文件中读取数据的方式来实现整个推荐系统。基于协同过滤的个性化推荐系统整体实现流程如图 3-4-3 所示。在输入模块主要是读取用户和物品的交互数据，这部分通过文件读取来实现；输出结果显示可在主函数中实现；推荐算法模块主要分为用户相似性计算和推荐结果产生两部分，这两部分都采用独立的函数形式来实现，这部分的代码已在阶段二中完成实现。

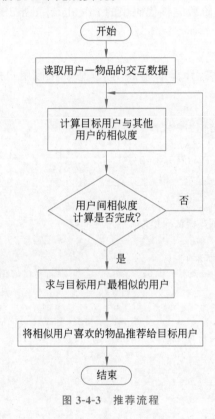

图 3-4-3 推荐流程

1. 主函数设计

在主函数文件中，主要包括数组的初始化，调用输入模块完成用户数据的读取，调用推荐函数实现推荐算法等。最终 main() 函数如下所示。

```c
#include<stdio.h>
#include<stdlib.h>
int main() {
    //初始化用户—物品矩阵为全零
    int i, j;
    int targetUser;
    scanf("%d",&targetUser);
```

```
       if(targetUser>=0&&targetUser<NUM_USERS)
       {
         for (i = 0; i < NUM_USERS; i++)
         {
           for (j = 0; j < NUM_ITEMS; j++)
           {
               userItemMatrix[i][j] = 0;
           }
         }
       //从文件中读取用户—物品交互数据
       readUserItemMatrix("data.txt");
       //为目标用户推荐物品
       recommendItems(targetUser);
       }
       else
           printf("请输入 0 到 %d 之间的数",NUM_USERS);
       return 0;
}
```

2. 输入模块

同一目录下要有用户—物品交互数据文件：data.txt，每行数据格式为用户 ID—物品 ID，设计一个读取文件的函数进而获得用户物品交互矩阵，为基于用户的协同过滤推荐算法提供基础支撑。具体代码如下。

```
#define NUM_USERS 5                              //用户数
#define NUM_ITEMS 5                              //物品数
//用户与物品交互的矩阵,1 表示用户与该物品有过交互,0 表示没有
int userItemMatrix[NUM_USERS][NUM_ITEMS];
//从文件中读取用户与物品的交互数据
void readUserItemMatrix(const char * filename) {
    int user, item;
    FILE * file = fopen(filename, "r");
    if (file == NULL) {
        perror("Error opening file");
        exit(EXIT_FAILURE);
    }
    //从文件中读取数据,每次读取一行,第一列表示用户 ID,第二列表示物品 ID
    while (fscanf(file, "%d %d", &user, &item) == 2) {
        if (user >= 0 && user < NUM_USERS && item >= 0 && item < NUM_ITEMS) {
            userItemMatrix[user][item] = 1;
        }
    }
    fclose(file);
}
```

请扫描右侧二维码查看本阶段程序代码。

源代码

4.3　系统测试和总结

4.3.1　系统测试

虽然已经完成了个性化推荐系统的代码编写工作,程序也可以正常编译运行,但是并不能保证程序不存在问题。因此,有必要对程序进行系统测试,以发现潜在的问题。下面编写测试用例,对系统进行黑盒测试,即测试系统的各功能是否符合要求。表 3-4-1 是一个简易的测试用例表。

表 3-4-1　个性化推荐系统测试用例表

编　号	测　试　项	测　试　输　入	预　期　结　果	测　试　结　果
CS001	用户输入数据合法性验证	0~4 任意整数; 大于 4 的数	推荐的物品 ID; 提示"请输入 0~4 的数"	
CS002	推荐结果的正确性	2	基于数据文件输出正确的推荐结果	

4.3.2　系统总结

通过对个性化推荐系统程序的编写,能够提高利用 C 语言编程解决实际问题的能力。本案例实现了一个简单的基于协同过滤的推荐算法,涉及数组、函数、文件等课程中重要的知识点。

基于协同过滤的推荐策略的基本思想就是基于用户行为,为每个用户提供个性化的推荐,从而使用户能更快速、更准确地发现所需要的信息。从应用角度分析,现今很多比较成功的推荐引擎都采用了协同过滤的方式。它不需要对物品或者用户进行严格的建模,也不要求物品的描述是机器可理解的,是一种与领域无关的推荐方法。同时这个方法计算出来的推荐是开放的,可以共享他人的经验,很好地支持用户发现潜在的兴趣偏好。基于协同过滤的推荐策略也有不同的分支,它们有不同的实用场景和推荐效果,用户可以根据自己应用的实际情况选择合适的方法,或者组合不同的方法来得到更好的推荐效果。

案例5 机器学习实例——基于随机森林的异常流量检测

5.1 案例介绍

随着互联网技术和分布式计算系统的快速发展,网络安全问题愈发凸显。多层协议栈和复杂的网络设备为攻击者提供了广泛的攻击面,例如,基于 TCP 的 SYN 洪水攻击。SYN(synchronize sequence numbers,同步序列编号)是 TCP/IP 建立连接时使用的握手信号,先在客户机和服务器之间建立起可靠的 TCP 连接,然后数据才可以在客户机和服务器之间传递。在这种攻击中,攻击者发送大量伪造的 SYN 请求,旨在消耗服务器的资源,导致合法用户无法建立连接。更进一步,高级持续性威胁(APT 攻击)以其隐蔽性和目标性,对企业的关键资产和敏感数据构成严重威胁。如 Botnets,利用大量受感染的机器组成的网络,能够发起分布式拒绝服务(DDoS)攻击,造成巨大的网络拥堵,导致整个网络基础设施瘫痪。此外,零日攻击利用软件中未知的安全漏洞,往往能够绕过传统的安全防护机制。

流量分析和行为分析技术在此起到了关键作用。深度包检测(DPI)和网络行为分析(NBA)技术可以实时检测并鉴别正常的和异常的流量模式。利用机器学习和人工智能算法,如神经网络和决策树,能够进一步增强异常流量检测的准确性和响应速度。为应对这些日益复杂的网络攻击,安全信息和事件管理(SIEM)系统聚集和分析各种安全警告,助力网络管理员及时发现和应对威胁。

5.1.1 设计目的

在网络管理中,对于网络流量的监测分析能够发现网络中存在的网络攻击,本案例基于 C 语言设计一个网络异常流量检测程序,能够识别出正常流量与异常流量,为网络安全管理提供技术支持。本案例基于机器学习算法中的随机森林算法实现异常流量检测的基本功能,程序通过输入网络流量的基本特征、统计类特征等作为判断依据,可判断到达的网络流量是否为异常流量。

5.1.2 需求分析

可以通过参考实际的异常检测系统和使用过的类似功能的软件来梳理这个案例的功能

需求。Wireshark 是一个网络封包分析软件,它的工作原理是,当启动了 Wireshark,那么 Wireshark 就会通过操作系统将经过网卡的数据包复制一份发给自己。工作流程主要包括捕获、转换和分析 3 个步骤。捕获是指 Wireshark 将网卡调整为混杂模式,该模式下捕获网络中传输的二进制数据;转换是指 Wireshark 将捕获到的二进制数据转换为容易理解的形式,同时也会将捕获到的数据包按照顺序进行组装;最后 Wireshark 将会对捕获到的数据包进行分析,这些分析包括识别数据包所使用的协议类型、源地址、目的地址、源端口和目的端口等,Wireshark 有时也会根据自带的协议解析器来深入分析数据包的内容。

网络流量是指在计算机网络中传输的数据量,它可以是从一台计算机到另一台计算机的数据,或者是在整个网络中流动的数据。获取网络流量,简单来说,就是捕获或拦截这些在网络中流动的数据。

在日常的学习和生活中,获取网络流量的途径可以有以下几种方式。

(1) 网络嗅探器(sniffer)。这是一种软件工具或硬件设备,可以捕获并记录在网络上的数据包。如 Wireshark 就是一个广泛使用的网络嗅探器工具。

(2) 镜像端口或 SPAN 端口。在交换机或路由器上,某些端口可以配置为镜像端口。这些端口会复制经过该交换机的所有数据流,并将其发送到指定端口,这样连接到该端口的设备(如网络分析器)就可以捕获整个数据流。

(3) 网络 TAP。这是一种硬件设备,位于两台网络设备之间(例如,两台交换机或路由器之间),用于复制经过的所有数据流,以便进行分析。

通过上面几种技术方式,可以获取到的网络流量形式主要有以下几种。

(1) 数据包。这是网络流量的基本信息,包含源地址、目的地址、协议类型、数据载荷等信息。

(2) 流量统计。这是对经过网络的数据量的简要描述,例如,每个 IP 地址或每个协议的数据量。

(3) 流数据。这是一种更高级的流量描述,它记录了一系列的数据包,这些数据包具有相同的源地址、目标地址、源端口、目标端口和协议。

当网络流量被捕获后,它通常以原始的、未加工的形式存在,称为 PCAP 文件或保存成其他类似的格式。这些文件可以使用专门的工具(如 Wireshark)进行进一步分析和解码。在本次工程中,便会用到对 PCAP 文件提取特征后,然后存储为 CSV 格式的流量数据文件。

CSV 文件由多行组成,每行表示一个数据记录。每行中的字段使用逗号进行分隔,字段包含文本、数字或日期等格式数据。文件的第一行通常用于定义字段名,后续行则包含相应的数据值。例如,CSV 格式的流量数据文件如图 3-5-1 所示,其中,最后一列是标签,前十列表示的含义如下。IntDstIP 为目的 IP 地址;IntSrcIP 为源 IP 地址;totalDestinationBytes 为目的地字节数;totalDestinationPackets 为目的报文个数;totalSourcesPackets 为源报文个数;direction 为方向;totalSourceBytes 为源字节数;protocolName 为协议名称;sourcePort 为源端口号;destinationPort 为目的端口号。

在本工程中,主要需要做的步骤如下。

(1) 读取到达的流量数据包并进行数据处理;

(2) 根据每条流量的特征进行随机森林预测;

(3) 输出预测结果,该流量为正常或异常流量。

	A	B	C	D	E	F	G	H	I	J	K
1	IntDstIP	IntSrcIP	totalDestinationBytes	totalDestinationPackets	totalSourcesPackets	direction	totalSourceBytes	protocolName	sourcePort	destinationPort	label
2	3232236402	3232236144	64	1	1	1	64	1	52707	1042	0
3	3232236403	3232236144	192	3	3	1	192	1	52707	1300	0
4	3232236402	3232236144	192	3	3	1	192	1	52707	10566	0
5	3232236405	3232236144	256	4	4	1	256	1	52707	2190	0
6	3232236405	3232236144	128	2	2	1	128	1	52707	7512	0
7	3232236402	3232236144	320	5	5	1	320	1	52707	27353	0
8	3232236403	3232236144	128	2	2	1	128	1	52707	5910	0
9	3232236403	3232236144	192	3	3	1	192	1	52707	903	0
10	3232236403	3232236144	64	1	1	1	66	1	1920	4444	0
11	3232236402	3232236144	192	3	3	1	192	1	52707	2608	0
12	3232236402	3232236144	320	5	5	1	320	1	52707	8042	0
13	3232236405	3232236144	64	1	1	1	64	1	52707	5200	0
14	3232236405	3232236144	64	1	1	1	66	1	1938	4444	0
15	3232236405	3232236144	256	4	4	1	256	1	52707	4848	0
16	3232236405	3232236144	64	1	1	1	64	1	52707	8021	0
17	3232236403	3232236144	192	3	3	1	192	1	52707	10025	0
18	3232236403	3232236144	64	1	1	1	66	1	1920	4444	0
19	3232236405	3232236144	256	4	4	1	256	1	52707	5298	0
20	3232236403	3232236144	192	3	3	1	192	1	52707	8099	0
21	3232236403	3232236144	64	1	1	1	64	1	52707	2601	0
22	3232236402	3232236144	320	5	5	1	320	1	52707	700	0
23	3232236405	3232236144	256	4	4	1	256	1	52707	4550	0
24	3232236403	3232236144	128	2	2	1	128	1	52707	280	0
25	3232236402	3232236144	192	3	3	1	192	1	52707	2000	0
26	3232236403	3232236144	128	2	2	1	128	1	52707	5989	0
27	3232236405	3232236144	192	3	3	1	192	1	52707	2047	0

图 3-5-1　流量数据 CSV 文件截图

以上只是根据设计要求初步想到的需求，这个需求当然是越明确越好。实际上，需求有可能是动态化的，可能加入新的需求或者原有的需求发生改变。因此，在程序设计时要尽量遵循设计规范，使软件更具适应性。

5.1.3　总体设计

在编写程序即进行详细设计之前，要对软件做一个总体设计，即把软件拆分成若干功能模块。这些功能模块要尽量做到功能相对独立，耦合在一起之后可以实现软件全部的需求。可将软件分成 3 个模块，分别是读取流量模块、模型预测模块、输出结果模块。

1. 读取流量模块

这个模块用来读取当前已经被捕获并经过特征提取的数据包，将其进行适当的数据处理后预备后续使用。实现的主要部分为使用文件读取函数对网络流量数据文件进行读取，上面所说的提取流量特征，主要是针对网络流量数据包中的一些统计类特征，在异常流量检测中，流量特征是用于区分正常和异常流量的关键指标。以下是常用于判断异常流量的一些主要流量特征。

(1) 基本统计特征。数据包数量，即在给定时间窗口内的数据包数量。平均数据包大小，即数据包的平均字节大小。数据传输率，即在特定时间内传输的字节或数据包数量。

(2) 协议特征。协议类型，如 TCP、UDP、ICMP 等。特定协议的数据包数量，如特定时间段内的 TCP 数据包数量。

(3) 端口特征。源端口和目标端口，如不常见端口被大量使用很可能是网络扫描或某些攻击的迹象。端口范围，如某些攻击可能会使用较大范围的端口。

(4) 内容特征。数据包的有效载荷，某些攻击可能在数据包内容中植入特定的字符串或模式。特定标志位的设置，如 TCP 数据包中的 SYN、FIN、RST 标志。

(5) 时间特征。流的持续时间，即从流开始到结束的时间长度。流之间的时间间隔，即连续数据流之间的平均时间间隔。

(6) 行为特征。如突然的流量增加，这可能是 DDoS 攻击的迹象。而来自单一源的大量请求,可能是流量洪水攻击或网络扫描的标志。

综上所述,通过结合以上特征,研究人员和工程师可以建立有效的异常流量检测模型,并对异常行为进行准确的分类和识别。

2. 模型预测模块

这个模块用于实现系统的核心部分,将已经处理好的流量输入随机森林模型中,模型会对数据进行决策树的生成,选择最优解等操作。

决策树分类是一种分类方法,使用一棵树来表示分类属性与分类结果之间的映射关系。如图 3-5-2 所示的决策树,描述了一个购买计算机的分类模型,利用这个模型,计算机商家可以对一个顾客是否会在本商店购买计算机进行分类预测。

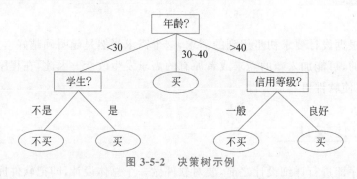

图 3-5-2　决策树示例

随机森林是一个集成学习算法,主要包含两个关键词:"随机"和"森林"。它利用了多个决策树(形成一个"森林")进行训练并为输入样本预测输出。随机森林的构建过程如下。

(1) 从原始数据集中使用有放回的随机抽样方法选择 N 个样本。

(2) 使用这 N 个样本构建一个决策树。在每个节点,随机选择 k 个特征(而非所有特征)并使用这些特征决定分裂点。这样的分裂点使得模型对于特定的数据和特征增加了随机性。

(3) 重复上述步骤建立多个决策树。

预测过程如下。

对于分类问题,随机森林的输出是森林中所有树输出的模式。对于回归问题,输出是所有树预测值的平均值。

根据上述的构建过程以及预测过程,随机森林的优点主要有:①可以有效防止过拟合问题,由于随机性,它不容易过拟合;②其分类和预测具有高准确性;③并行化,各树可以完全独立并行构建;④能处理大量的特征,随机森林算法可以为我们估计哪些特征最为重要。

总的来说,随机森林提供了一种鲁棒的、高准确性的方法,特别适合用于异常流量检测这样的应用,其中数据可能是不均衡的、具有大量特征的,并且可能存在复杂的、非线性的分类边界。

3. 输出结果模块

这个模块用于读取随机森林模型对测试数据集进行的标签预测,标签为正常/异常,并将所预测的标签进行输出。

5.2　详细设计

5.2.1　Gini 系数的计算

能力要求：数组、循环。

本阶段实现计算 Gini 系数的算法，主要使用了数组来构造 Gini 系数计算的参数，通过循环以及判断逻辑实现 Gini 系数计算的功能。在下面的代码中，可以计算数据集基于特定特征和分裂值的 Gini 系数。Gini 系数常用于决策树中的分类任务，用于评估某个分裂点对分类的纯度提升。

决策树的生成是一个训练集逐步求精逐步分裂的过程，分裂过程自上而下。分裂过程首先根据某种分裂属性评价准则，从初始样本数据集中选择最优的属性作为根节点的分裂属性，同时选择相应的分裂属性的最优分裂点作为树枝分叉的边界，然后根据选择的分裂属性和分裂点将初始样本集划分为几个互不相交的子集，这几个子集就成为根节点的几个不同的分支节点，对生成的每个子节点用同样的方式进行分裂，直到生成全部的叶节点为止。而 Gini 系数表示在样本集合中一个随机选中的样本被分错的概率，Gini 系数越小说明数据集的纯度越高，因此 Gini 系数常用于评估决策树中某个分裂点对分类的纯度提升。

本代码主要使用到的参数如下。

（1）index：整数，表示要考虑的特征的索引。

（2）value：浮点数，表示分裂值。数据小于这个值的归为一类，大于或等于这个值的归为另一类。

（3）row：整数，数据集的行数。

（4）col：整数，数据集的列数。

（5）dataset：二维浮点数组，表示数据集。最后一列是类标签。

（6）class：浮点数组，包含所有可能的类标签。

（7）classnum：整数，表示类别的数量。

（8）numcount1 和 numcount2：这两个数组用于分别计数数据小于和大于或等于分裂值的每个类别的出现次数。

（9）count1 和 count2：分别记录数据小于和大于或等于分裂值的总数。

（10）gini1 和 gini2：分别为数据小于分裂值和数据大于或等于分裂值的组的 Gini 系数。

（11）gini：整个数据集的 Gini 系数，考虑了两个组的权重。

首先，初始化所有的计数器为 0。使用循环遍历数据集，基于给定特征的值与分裂值的大小关系，计算每个类标签在两个组中的出现次数。接下来，使用上面的计数，计算每个组的 Gini 系数。最后结合两个组的权重，计算整个数据集的 Gini 系数。这样得到的返回值就是计算得到的 Gini 系数。

需要注意的是,Gini系数的计算公式为(Gini(p)=1−sum (p_i * p_i)),其中(p_i)是第 i 类的出现概率。如果某个组中没有数据,为防止除以 0 的情况,将其 Gini 系数直接设置为 1。

该过程的流程如图 3-5-3 所示。

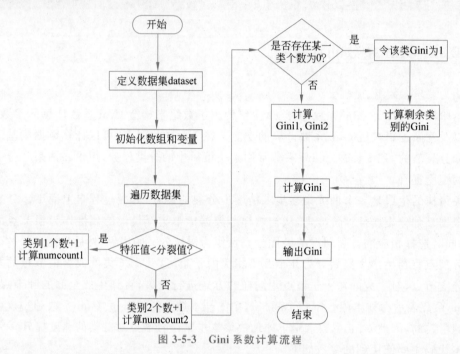

图 3-5-3 Gini 系数计算流程

代码如下,代码分析、讲解见代码中的注释部分。

```c
#include<stdio.h>

int main()
{
    //定义一个 2D 数组'dataset',表示一个包含 4 个样本的数据集,每个样本有 3 个特征和一
    //个类别标签
    double dataset[4][4] = {
        {2.5, 3.1, 4.0, 0},
        {3.6, 2.4, 3.8, 1},
        {1.2, 5.7, 2.6, 0},
        {4.3, 2.9, 3.5, 1}
    };

    //定义一个数组'class',表示数据集中的唯一类别标签
    double class[] = {0, 1};

    //定义'classnum',表示唯一类别标签的数量
    int classnum = 2;

    //定义'index',表示想要分割的特征索引
    int index = 0;
```

```
//定义'value',表示分割的阈值
double value = 3.0;

//定义'row'和'col',分别表示数据集的行数和列数
int row = 4;
int col = 4;

//初始化两个数组来计算每个类别在分割点两侧的数量
double numcount1[classnum];
double numcount2[classnum];
for (int i = 0; i < classnum; i++)
    numcount1[i] = numcount2[i] = 0;

//初始化计数器来计算分割点两侧的样本数量
double count1 = 0, count2 = 0;

//初始化 Gini 指数的计算变量
double gini1, gini2, gini;
gini1 = gini2 = gini = 0;

//遍历数据集,计算分割点两侧的样本数量和各类别的数量
for (int i = 0; i < row; i++)
{
    if (dataset[i][index] < value)
    {
        count1++;
        for (int j = 0; j < classnum; j++)
            if (dataset[i][col - 1] == class[j])
                numcount1[j] += 1;
    }
    else
    {
        count2++;
        for (int j = 0; j < classnum; j++)
            if (dataset[i][col - 1] == class[j])
                numcount2[j]++;
    }
}

//计算分割点两侧的 Gini 指数
if (count1 == 0)
{
    gini1 = 1;
    for (int i = 0; i < classnum; i++)
        gini2 += (numcount2[i] / count2) * (numcount2[i] / count2);
}
else if (count2 == 0)
{
    gini2 = 1;
    for (int i = 0; i < classnum; i++)
        gini1 += (numcount1[i] / count1) * (numcount1[i] / count1);
}
```

```
    else
    {
        for (int i = 0; i < classnum; i++)
        {
            gini1 += (numcount1[i] / count1) * (numcount1[i] / count1);
            gini2 += (numcount2[i] / count2) * (numcount2[i] / count2);
        }
    }

    //完成 Gini 指数的计算
    gini1 = 1 - gini1;
    gini2 = 1 - gini2;
    gini = (count1 / row) * gini1 + (count2 / row) * gini2;

    //输出计算得到的 Gini 指数
    printf("Calculated Gini Index: %lf\n", gini);
    return 0;
}
```

源代码

本部分代码请扫描左侧二维码获取。

5.2.2 叶节点的计算

能力要求：函数、指针。

本节主要介绍一些函数的基本逻辑实现，可以使用指针来快速寻找变量，使函数的性能更优，处理更快。

在本节中，主要介绍一些在异常流量检测工程中常用的函数，有 test_split 函数、gini_index 函数、get_split 函数、to_terminal 函数等，对于各函数的介绍如下。

1. test_split( )函数

- 输入：切分特征索引、切分阈值、数据行数、数据列数、数据集。
- 输出：切分后的左右子数据集。
- 实现：将数据集根据切分特征和阈值划分为两组，分别存储在 groups[0]和 groups[1]中。

2. gini_index( )函数

- 输入：切分特征索引、切分阈值、数据行数、数据列数、数据集、类别标签数组、类别数量。
- 输出：Gini 系数。
- 实现：根据切分点将数据集划分为左、右两部分，计算各部分的 Gini 系数，然后按照公式计算加权平均的 Gini 系数。

3. get_split( )函数

- 输入：数据行数、数据列数、数据集、类别标签数组、类别数量、随机选择的特征数量。
- 输出：最佳切分点的决策树分支。

- 实现：随机选择若干特征，计算每个特征的最佳切分点，返回具有最小 Gini 系数的切分点的分支。

4. to_terminal( )函数

- 输入：数据行数、数据列数、数据集、类别标签数组、类别数量。
- 输出：叶节点的类别标签。
- 实现：统计数据集中类别最多的类别标签，作为叶节点的预测结果。

5. split( )函数

- 输入：决策树分支、数据行数、数据列数、数据集、类别标签数组、类别数量、当前层数、最小样本数、最大深度、随机选择的特征数量。
- 输出：无，但会修改决策树的结构。
- 实现：递归地生成子树，判断是否达到叶节点条件，继续划分数据集，并基于切分点和阈值生成子树。

6. build_tree( )函数

- 输入：数据行数、数据列数、数据集、最小样本数、最大深度、随机选择的特征数量。
- 输出：生成的决策树。
- 实现：根据输入数据生成决策树，通过调用 get_split( )和 split( )函数来构建树的分支。

7. random_forest( )函数

- 输入：数据行数、数据列数、数据集、最小样本数、最大深度、随机选择的特征数量、决策树数量、子样本比例。
- 输出：随机森林(决策树数组)。
- 实现：生成多棵决策树组成的随机森林，通过调用 build_tree( )函数构建每棵树。

8. treepredict( )函数

- 输入：测试样本、决策树。
- 输出：预测结果。
- 实现：通过递归判断样本的特征值与切分点的关系，找到叶节点并返回预测结果。

9. predict( )函数

- 输入：测试样本、随机森林、决策树数量。
- 输出：最终预测结果。
- 实现：遍历随机森林中的每棵决策树，进行预测，根据投票结果选择最终预测值。

本节主要介绍计算叶节点函数，该函数的主要目的是确定给定数据集的叶节点应该输出哪个类标签。它通过统计数据集中最常出现的类标签来完成此任务。首先，可以进行初始化，为每个可能的类标签分配一个计数器，存储在 num 数组中。这个数组用于跟踪数据集中每个类标签的出现次数。maxnum 用于存储当前观察到的最常见的类标签的值。flag 用于标记当前最大计数的类的数量。

接下来,需要统计每个类标签的数量。①先循环遍历数据集的每一行。②再对于数据集中的每个记录,查看其类标签,并在 num 数组中对相应的类标签加 1。这是通过内部循环实现的,该循环遍历所有可能的类标签,并检查当前记录的类标签是否与之匹配。

然后,确定最常见的类标签。遍历 num 数组来查找哪个类标签有最大的计数。如果找到一个类标签的计数大于 flag,则更新 flag 和 maxnum。

最后,可以清理内存并返回结果。要注意,一定要释放为 num 数组分配的内存。返回 maxnum,它现在包含了数据集中最常见的类标签。该模块的流程如图 3-5-4 所示。

下面在主函数中调用 to_terminal()函数。首先,创建一个名为 dataset 的二维数组,该数组有 5 行 3 列。这个数组代表了一个简单的数据集,其中最后一列是类别标签。然后,为一个名为 data 的二维指针分配内存。data 指向 dataset 数组的行。这样做是为了使函数能够使用指针操作来访问数据集。创建一个名为 class 的数组,包含两个元素{0,1},这些是数据集中可能的类别标签。接下来,调用 to_terminal()函数。这个函数的目的是确定数据集中最常见的类别标签。函数接收数据集的行数、列数、数据集本身和类别标签数组,以及类别标签的数量作为参数。to_terminal()函数计算并返回最常见的类别标签。然后,程序使用 printf()函数输出这个最常见的类别标签。最后,释放之前为 data 分配的内存。

在整个流程中,主要的计算发生在 to_terminal()函数中,它遍历数据集,统计每个类别标签出现的次数,然后确定出现次数最多的那个标签。这个结果随后在 main()函数中被打印出来。主函数的流程图如图 3-5-5 所示。

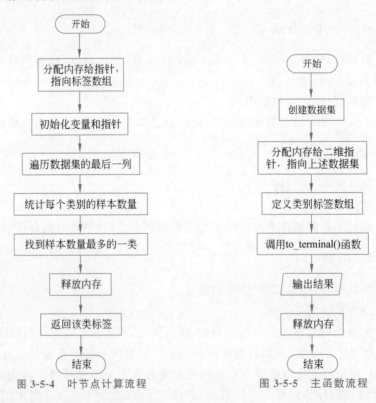

图 3-5-4　叶节点计算流程　　　　　　　图 3-5-5　主函数流程

通过该方法，to_terminal()函数提供了一种简单、有效的方式来确定给定数据集中最常见的类标签，这在决策树的叶节点中是非常有用的。以下是该函数的具体实现和具体使用方法。

```c
//计算 Gini 系数
double gini_index(int index, double value, int row, int col, double **dataset,
double * class, int classnum);
//选取数据的最优切分点
struct dataset * test_split(int index, double value, int row, int col, double **
data);
//创建子树或生成叶节点
void split(struct treeBranch * tree, int row, int col, double **data, double *
class, int classnum, int depth, int min_size, int max_depth, int n_features);
//生成决策树
struct treeBranch * build_tree(int row, int col, double **data, int min_size, int
max_depth, int n_features)

//计算叶节点结果
double to_terminal(int row, int col, double **data, double * class, int classnum)
{
    int * num = (int *)malloc(classnum * sizeof(classnum));
    double maxnum = 0;
    int flag = 0;
    //计算所有样本中结果最多的一类
    for (int i = 0; i < classnum; i++)
        num[i] = 0;
    for (int i = 0; i < row; i++)
        for (int j = 0; j < classnum; j++)
            if (data[i][col - 1] == class[j])
                num[j]++;
    for (int j = 0; j < classnum; j++)
    {
        if (num[j] > flag)
        {
            flag = num[j];
            maxnum = class[j];
        }
    }
    free(num);
    num = NULL;
    return maxnum;
}
```

这里需要创建一个二维数组以模拟数据集，并指定类别标签数组。以下是一个简单的main()函数实现。

```
#include<stdio.h>
#include<stdlib.h>

//计算叶节点结果的函数声明
double to_terminal(int row, int col, double **data, double *class, int
classnum);

int main() {
    //创建一个示例数据集
    //数据集最后一列是类标签
    double dataset[5][3] = {
        {2.5, 3.4, 0},
        {3.1, 2.9, 1},
        {2.3, 3.6, 0},
        {3.2, 3.2, 1},
        {3.0, 3.5, 0}
    };
    //分配内存给二维指针,指向上述数据集
    double **data = (double **)malloc(5 * sizeof(double *));
    for (int i = 0; i < 5; i++) {
        data[i] = dataset[i];
    }
    //类别标签数组
    double class[2] = {0, 1};

    //调用 to_terminal()函数
    double result = to_terminal(5, 3, data, class, 2);
    printf("The most common class label is: %.2lf\n", result);
    //释放内存
    free(data);
    return 0;
}
```

本部分代码请扫描左侧二维码获取。

5.2.3 逻辑功能的实现

源代码

能力要求: 结构体、文件。

这部分主要是实现对于结构体和文件的应用,可以通过读取文件中的信息、数据来实现对于行的读取、列的读取,以及创建二维数组。该模块实现了 3 个函数,分别用于获取 CSV文件的行数、列数,以及将 CSV 文件中的数据解析为二维数据数组。具体功能如下。

1. get_row()函数

输入为需要读取的 CSV 文件名。输出为已读取到的 CSV 文件的行数。通过打开 CSV

文件并逐行读取,每读取一行,行数加一,最后关闭文件并返回行数。其函数流程如图 3-5-6
所示。

该函数具体的实现代码如下。

```c
int get_row(char * filename)                 //获取行数
{
    char line[1024];
    int i = 0;
    FILE * stream = fopen(filename, "r");
    while (fgets(line, 1024, stream))
    {
        i++;
    }
    fclose(stream);
    return i;
}
```

2. get_col( )函数

输入为需要读取的 CSV 文件名,输出为已读取到的 CSV 文件的列数。

打开 CSV 文件,读取第一行,然后通过逗号分隔字符串,每遇到一个逗号,列数加一。
最后关闭文件并返回列数。其函数流程如图 3-5-7 所示。

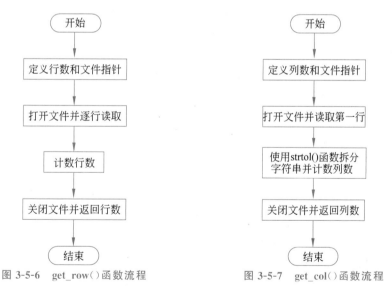

图 3-5-6　get_row( )函数流程　　　　图 3-5-7　get_col( )函数流程

该函数具体的实现代码如下。

```c
int get_col(char * filename)                 //获取列数
{
    char line[1024];
    int i = 0;
```

```
    FILE * stream = fopen(filename, "r");
    fgets(line, 1024, stream);
    char * token = strtok(line, ",");
    while (token)
    {
        token = strtok(NULL, ",");
        i++;
    }
    fclose(stream);
    return i;
}
```

3. get_two_dimension()函数

输入为 CSV 文件的每行数据、数据存储的二维数组、CSV 文件名。输出为将 CSV 文件中的数据存储到二维数组中。

打开 CSV 文件,逐行读取数据。在每行数据中,通过逗号分隔字符串,将每个拆分的部分转换为浮点数,然后将这些浮点数存储到二维数组的相应位置,最后关闭文件。其函数流程如图 3-5-8 所示。

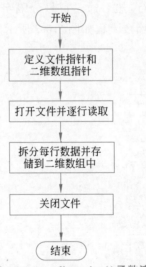

图 3-5-8　get_two_dimension()函数流程

该函数具体的实现代码如下。

```
void get_two_dimension(char * line, double **data, char * filename)
{
    FILE * stream = fopen(filename, "r");
    int i = 0;
    while (fgets(line, 1024, stream))          //逐行读取
    {
```

```
        int j = 0;
        char * tok;
        char * tmp = strdup(line);
        for (tok = strtok(line, ","); tok && * tok; j++, tok = strtok(NULL, ",\n"))
        {
            data[i][j] = atof(tok);          //转换成浮点数
        }                                    //字符串拆分操作
        i++;
        free(tmp);
    }
    fclose(stream);                          //文件打开后要进行关闭操作
}
```

4. 主函数调用功能实现

这里实现一个 main()函数来尝试调用上述功能,首先定义文件名和数组,调用 get_row( )和 get_col( )函数获取行数和列数,将其动态分配内存用来存储数据,调用 get_two_dimension()函数获取数据并将数据存储到数组中,打印数据后释放相应的内存。该模块的主函数流程如图 3-5-9 所示。

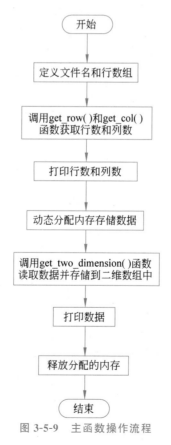

图 3-5-9　主函数操作流程

具体的代码实现如下,讲解见代码的注释部分。

```c
#include<stdio.h>
#include<stdlib.h>
#include<string.h>
int main()
{
    char filename[] = "path_to_your_file.csv";        //请替换为实际的文件路径
    char line[1024];

    int rows = get_row(filename);
    int cols = get_col(filename);

    printf("Rows: %d, Cols: %d\n", rows, cols);        //打印行数和列数

    //动态分配内存来存储数据
    double **data = (double **)malloc(rows * sizeof(double *));
    for (int i = 0; i < rows; i++)
    {
        data[i] = (double *)malloc(cols * sizeof(double));
    }

    get_two_dimension(line, data, filename);

    //打印数据(可选)
    for (int i = 0; i < rows; i++)
    {
        for (int j = 0; j < cols; j++)
        {
            printf("%f ", data[i][j]);
        }
        printf("\n");
    }

    //释放分配的内存
    for (int i = 0; i < rows; i++)
    {
        free(data[i]);
    }
    free(data);

    return 0;
}
```

源代码

本部分的完整代码请扫描左侧二维码获取。

5.3　系统测试和总结

5.3.1　系统测试

虽然已经完成了代码编写工作,软件也可以正常编译运行,但是并不能保证这个程序毫无问题。因此,有必要对程序进行系统测试。最常见的测试方式是遍历程序的每条功能路径并设置合适的测试用例看是否可以得到预期的结果。测试用例的设置尽量包含一些特殊的边界以测试程序的适应性。表 3-5-1 是一个简易的测试用例表。

表 3-5-1　测试用例表

编号	测试项	测试输入	预期成果	测试成果
CS001	Attack_classification.csv 文件	流量数据	准确分类	
CS002	Sonar.csv 文件	流量数据 2	准确分类	
CS003	空文件	空数据	无分类	

在进行修改文件的测试时,可以发现,不同的测试文件会有不同的测试准确率,attack_classification.csv 文件中的数据类型较多,共 8 种流量数据类型,因此属于多分类问题,在数据量不大的情况下,可能会造成准确率不高的问题,如图 3-5-10 所示,准确率只有 59.17%;而 sonar.csv 文件中只存在两种类型的数据,属于二分类问题,因此该数据集的分布比较平衡,随机森林模型学习的效果比较好,准确率相对来说更高(达到 94.36%),属于准确率较高的情况,如图 3-5-11 所示。

```
predicted result:4.000000
predicted result:4.000000
predicted result:4.000000
predicted result:4.000000
predicted result:1.000000
predicted result:0.000000
predicted result:4.000000
predicted result:4.000000
predicted result:1.000000
predicted result:4.000000
predicted result:4.000000
predicted result:1.000000
predicted result:4.000000
predicted result:4.000000
predicted result:1.000000
predicted result:1.000000
predicted result:1.000000
predicted result:1.000000
predicted result:4.000000
predicted result:1.000000
predicted result:4.000000
predicted result:2.000000
predicted result:1.000000
Average Cross-Validation Accuracy: 59.17%
```

图 3-5-10　attack_classification.csv 测试集的预测结果

而当输入了一个空文件的时候,这就意味着并无数据在训练该模型,这样并没有训练该机器学习模型,因此输入输出都应该是无结果的,并且会相应地产生浮点类型的错误,因为

图 3-5-11　sonar.csv 测试集的预测结果

在计算最终的准确率时分母为 0,所以报错,如图 3-5-12 所示。

图 3-5-12　测试空文件

输入已经处理好的异常流量数据集,使系统读取 csv 文件,将读取到的每条流量数据输入随机森林模型中,按照训练集、测试集的划分依次训练模型,获得预测结果,并对模型进行交叉验证,得到模型的预测准确率,如图 3-5-13 所示。

图 3-5-13　模型的交叉验证得分

5.3.2　系统总结

通过对异常流量检测程序的编写,能够熟悉有关网络流量处理、随机森林预测、信息分类等信息的处理方式,提高 C 语言的编程能力。更为重要的是,通过软件工程的方法去进行程序编写训练,可以有效地提高对软件的理解。实际上,此案例只是非常简单的程序,真正的工程要远比此复杂,但工程设计思想都是一致的。

在这个案例中,最重要的思想就是随机森林模型的实现。最后总结一下异常流量检测程序的编写以及使用随机森林模型实现的好处。

(1)高效的特征处理和选择。在网络流量处理中,选择合适的特征非常重要。随机森

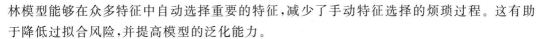

林模型能够在众多特征中自动选择重要的特征,减少了手动特征选择的烦琐过程。这有助于降低过拟合风险,并提高模型的泛化能力。

(2)抗过拟合能力强。随机森林通过集成多个决策树,每个决策树都是基于随机选择的样本和特征建立的,从而有效降低了过拟合的风险。这对于异常流量检测等复杂任务非常有用,因为网络流量中可能存在很多噪声和变化。

(3)适用于大规模数据。网络流量数据通常具有大规模和高维的特点,而随机森林在处理大规模数据时表现出色。每个决策树的训练和预测可以并行处理,从而加速模型的训练和推理过程。

(4)能够处理不平衡数据。在异常流量检测中,正常流量通常远远多于异常流量。随机森林可以通过平衡样本权重,或者通过随机欠采样、过采样等方法来处理不平衡数据问题,提高对异常流量的检测能力。

(5)解释性强。随机森林模型可以为每个特征提供重要性分数,帮助我们理解哪些特征对于异常流量检测更具有区分能力。这有助于安全分析人员更好地理解模型的预测结果。

(6)灵活性。随机森林能够处理不同类型的数据,包括数值型和类别型特征,同时也可以处理多类别分类问题。这使得它在网络流量中的多样性特征处理方面非常有用。

总之,随机森林模型的实现在异常流量检测等领域具有广泛应用,其能够结合特征选择、样本平衡、不同类型数据处理等多个因素,提供了一种强大的工具来应对复杂的网络安全挑战。通过了解并实现随机森林模型,我们不仅能够加强对网络流量处理和信息分类的理解,还能够为将来解决更大规模、更复杂的软件工程问题打下坚实的基础。

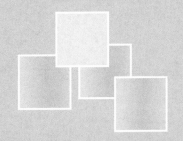

附　　录

附录 A 实验内容指导及奇数题参考答案

实验 1

1.
略
2.
略
3.

```
#include<stdio.h>
int main()
{
    int a,b,c,sum,ave;
    scanf("%d%d%d",&a,&b,&c);
    sum=a+b+c;
    ave=sum/3;
    printf("%d,%d\n",sum,ave);
    return 0;
}
```

提示与指导：

（1）输入多个数据时，格式控制字符串中不要加入其他字符，也不要有输出语句常用的换行符\n，如输入两个整数语句为"scanf("%d%d",&a,&b);"。

（2）平均数是整数，因此如果输入 4^5^5，^代表空格，输出的是平均数的整数部分 4。若学习了 double 类型，可将平均数设置为该类型。

4. 提示与指导：

（1）程序中没有省略写法，kx 要写成 k * x；

（2）输入前用输出语句给出提示信息，如"请输入实数 x:"，程序会更友好，当然这不是必需的。

实验 2

1.

```
#include<stdio.h>
int main()
{
    char a;
    a=getchar();
    printf("%d\n",a-'a'+1);
    return 0;
}
```

提示与指导：

（1）输入字符 getchar()函数更常用；

（2）"a-'a'"表示变量 a 的 ASCII 值与字符常量'a'的距离，如输入小写字母'b'，则其 ASCII 值与字符常量'a'的距离为 1，其可读性要好于"a-97"。

（3）输出值要加 1。

2. 提示与指导：

（1）可以用字母变量 a 减去字符'a'得到字母的位置值(0~25)；

（2）该值加上 4 后除 26 取余数，就是加密后的字符的位置；

（3）该位置值(0~25)再加上字符'a'，就得到应输出的字符了。

3.

```
#include<stdio.h>
int main()
{
    double F,C;
    scanf("%lf",&F);
    C=5.0/9*(F-32);
    printf("%f\n",C);
    return 0;
}
```

提示与指导：

（1）输入 double 类型数据，使用 lf；

（2）5/9 按整数除法运算得 0，造成计算错误，应使用 5.0/9。

4. 提示与指导：

（1）都使用 double 数据类型；

（2）欧氏距离：$d=\sqrt{(x_1-x_2)^2-(y_1-y_2)^2}$；

（3）使用 sqrt()函数必须先添加#include <math.h>语句。

5.

```
#include<stdio.h>
int main()
{
    int a,b;
    scanf("%d",&a);
    b=(a+2)%7;
    printf("%d\n",b);
    return 0;
}
```

提示与指导：

（1）每过 7 天，就与今天相同，因此除以 7 取余数；

（2）因假定今天是周二，若计算结果加上 2 后大于 6，还要除以 7 取余数，因此直接加上 2 后计算，相当于从前天（周日）开始输入的天数。

6. 提示与指导：

（1）除以 60 取整后得到小时数；

（2）除以 60 取余数后得到分钟数。

7.

```
#include<stdio.h>
int main()
{
    double x;
    scanf("%lf",&x);
    x=(int)(x*100+0.5);
    x=x/100;
    printf("%lf\n",x);
    return 0;
}
```

提示与指导：

（1）使用格式化输出仅输出结果四舍五入，并没有真正对数据进行四舍五入；

（2）先 x*100 使百分位成为整数的个位，然后加 0.5 是对原千分位数（现十分位数）进行五入，再用(int)强制进行整数转换，将小数部分舍去（对原数据从千分位进行四舍），最后用 x＝x/100 恢复成带有两位小数的数据。

8. 提示与指导：

（1）使用 double 数据类型；

（2）参考第 7 题进行四舍五入；

（3）输出处理后的结果。

9.

```
#include<graphics.h>
int main()
```

```
{
    initgraph(600, 600);

    setcolor(BLACK);
    setbkcolor(WHITE);

    line(10,10,10,310);
    line(10,10,410,10);
    line(10,310,410,10);

    getch();
    closegraph();
    return 0;
}
```

提示与指导:

(1) 首先要配置好 EGE 环境;

(2) 注意要建立 C++ 工程,在 main.cpp 文件(注意扩展名)编写程序代码;

(3) 先绘制两条直角边,然后用剩下的两个端点绘制直线即可。

10. 提示与指导:

(1) 建立 C++ 工程;

(2) 设置线的颜色用 setcolor;

(3) 可先绘制矩形,再绘制菱形,也可以直接绘制 4 个三角形。

实验 3

1.

```
#include<stdio.h>
int main()
{
    int a,b,c,d;
    char s1,s2,s3;
    scanf("%d%c%d%c%d%c%d",&a,&s1,&b,&s2,&c,&s3,&d);
    if(s1==s2&&s2==s3&&s3=='.'){
        if((a>=0&&a<=255)&&(b>=0&&b<=255)
            &&(c>=0&&c<=255)&&(d>=0&&d<=255))
            printf("OK\n");
        else
            printf("ERROR\n");
    }else{
        printf("ERROR\n");
    }
    return 0;
}
```

提示与指导：

（1）注意输入语句的格式控制，scanf（）中使用％c 后，就要连续输入，否则空格也是字符，会被读取；

（2）可使用嵌套的 if 语句，先判断分隔符是否正确，然后判断数字区间是否正确。

2. 提示与指导：

（1）能被 3 整除即除以 3 的余数为 0，&& 是逻辑与，|| 是逻辑或；

（2）可使用双分支结构完成。

3.

方法一：

```
#include<stdio.h>
int main()
{
    double x;
    scanf("%lf",&x);
    if(x>0)
        printf("1\n");
    else if(x<0)
        printf("-1\n");
    else
        printf("0\n");
    return 0;
}
```

方法二：

```
#include<stdio.h>
int main()
{
    double x;
    scanf("%lf",&x);
    if(x>0)
        printf("1\n");
    if(x<0)
        printf("-1\n");
    if(x==0)
        printf("0\n");
    return 0;
}
```

提示与指导：

（1）方法一，可以使用多分支结构完成；

（2）方法二，也可以使用多个双分支结构完成；

（3）使用 if…else if…else 结构多分支结构程序的可读性更好，执行效率也更高，例如，当 x 大于 0 时只执行了一次判断，而双分支结构则要进行 3 次判断。建议能使用多分支结构完成的程序尽量采用多分支结构。

4. 提示与指导:

(1) 有 4 种情况,可用 if…else if…else 结构多分支结构完成;

(2) 数值按从小到大依次判断,则可省略条件判断中的区间下限条件。

5.

```
#include<stdio.h>
int main()
{
    double x,y;
    scanf("%lf",&x);
    if(x<2)
        y=1+x;
    else if(x<4)
        y=1+(x-2)*(x-2);
    else
        y=(x-2)*(x-2)+(x-1)*(x-1)*(x-1);
    printf("x=%lf,y=%lf\n",x,y);
    return 0;
}
```

提示与指导:

(1) 因为使用的是 if…else if…else 多分支结构,如果按数据从小到大进行处理,$2 \leqslant x < 4$ 可以简写成 $x < 4$,因为如果 $x < 2$ 则符合 if 条件,不会执行到 else if 语句;

(2) 一般 x 的平方写成 x*x,x 的立方写成 x*x*x,虽然有 pow()函数,但这样程序的执行效率更高;

(3) 使用 pow()函数,必须添加"#include <math.h>"语句。

```
#include<stdio.h>
#include<math.h>
int main()
{
    double x,y;
    scanf("%lf",&x);
    if(x<2)
        y=1+x;
    else if(x<4)
        y=1+pow(x-2,2);
    else
        y=pow(x-2,2)+pow(x-1,3);
    printf("x=%lf,y=%lf\n",x,y);
    return 0;
}
```

6. 提示与指导:

(1) 三角形的任意两边之和大于第三边,共 3 种情况;

(2) 可用逻辑与来连接这 3 种情况,使用双分支结构完成。

7.

```
#include<stdio.h>
int main()
{
    int a,b,c;
    scanf("%d,%d,%d",&a,&b,&c);
    switch(a)
    {
    case 1:
        printf("%d\n",b+c);
        break;
    case 2:
        printf("%d\n",b-c);
        break;
    case 3:
        printf("%d\n",b*c);
        break;
    case 4:
        printf("%d\n",b/c);
        break;
    }
    return 0;
}
```

提示与指导：

（1）对应独立数值的多分支结构，采用 switch 语句通常比 if…else if…语句在阅读上更清晰，两者都熟悉的情况下建议使用前者；

（2）switch 语句的每个分支通常都需要以 break 语句结束。

8. 提示与指导：

（1）先判断其是否是 5 位数；

（2）取出其个位和万位进行比较，十位和千位进行比较；

（3）根据比较结果输出信息。

9.

```
#include<stdio.h>
int main()
{
    int a;
    printf("请输入 0-51 的一个整数:");
    scanf("%d",&a);
    switch(a/13){
        case 0:
            printf("黑桃");break;
        case 1:
            printf("红心");break;
        case 2:
            printf("梅花");break;
```

```
            case 3:
                printf("方块");break;
        }
        switch(a%13){
            case 10:
                printf("J\n");break;
            case 11:
                printf("Q\n");break;
            case 12:
                printf("K\n");break;
            case 0:
                printf("A\n");break;
            default:
                printf("%d\n",a%13+1);break;
        }
        return 0;
}
```

提示与指导：

(1) 先判断花色(除以 13 取整数)，再判断牌值(除以 13 取余数)；

(2) 对牌值是 0、10、11、12 的要特殊处理，建议用 switch 语句，每个分支通常都需要以 break 语句结束。

10. 提示与指导：

(1) 建立 C++ 项目；

(2) 产生 0~1 的随机数；

(3) 该数小于 0.4，输出红色圆；介于 0.4~0.7，输出绿色圆；否则输出蓝色圆。

实验 4

1.

```
#include<stdio.h>
void main()
{
    int n,t,sum=0;
    scanf("%d",&n);
    t=n;
    while(n!=0)
    {
        sum=sum+n%10;
        n=n/10;
    }
    printf("整数%d的各位数字之和为%d。\n",t,sum);
}
```

提示与指导：

（1）变量 sum 中存放的是个位数字之和，在使用前一定要注意赋初值为 0，否则求和错误；

（2）使用循环取出各位数字，并累加；

（3）因为循环结束后 n 的值一定为 0，可以先用变量 t 记住输入的数字 n 的数值，以便输出语句调用。

2. 提示与指导：

（1）直接用回文数的概念，先将数字翻转，如果与原数字相同，则是回文数；

（2）方法与上一题类似，只不过前面是取出数字后累加，本题是取出后放到之前取出的数字后面；

（3）用变量 t 记住输入的数字 n 的数值，因为在翻转的过程中，原数字会变为 0；

（4）比较 t 与翻转后得到的数字即可完成。

3.

方法一：

```c
#include<stdio.h>
void main()
{
    int m,n,i,gys,gbs;
    scanf("%d%d",&m,&n);
    i=1;
    while(i<=m &&i<=n){
        if(m%i==0 &&n%i==0)
            gys=i;
        i++;
    }
    gbs=m * n/gys;
    printf("%d,%d\n",gys,gbs);
}
```

方法二：

```c
#include<stdio.h>
void main()
{
    int m,n,t,gys,gbs;
    scanf("%d%d",&m,&n);
    gbs=m * n;
    while(m%n!=0){
        t=m%n;
        m=n;
        n=t;
    }
    gys=n;
    gbs=gbs/gys;
    printf("%d,%d\n",gys,gbs);
}
```

提示与指导：

(1) 方法一,直接使用最大公约数的定义,从 1 开始查找 m 和 n 的公约数(能同时整除 m 和 n 的数),循环执行完毕后所记住的约数就是最大公约数；

(2) 得到最大公约数后,可以很容易地算出最小公倍数(等于两个数的积除以它们的最大公约数)；

(3) 方法二,当数字非常大时,直接使用最大公约数的定义进行问题求解速度较慢,实际应用中会使用一种较快的算法——辗转相除法解决这一问题。其思想是求两个数 m 和 n 的最大公约数,可以用 m 除以 n,得到商 q 和余数 r。显然 r 小于除数 n,如果余数 r 等于 0,说明除数 n 就是最大公约数,如果 r 不等于 0,则数字 n 和 r 与数字 m 和 n 的最大公约数相同；用数字 n 替代 m,数字 r 替代 n,重复上述算法,直到余数 r 为 0 时,除数 n 即为所求。

4. 提示与指导：

(1) 先从大到小找到 1000 以内的素数,这是一个双重循环；

(2) 将找到的素数进行累加,记录个数,并输出当前素数；

(3) 如果达到 10 个数,则结束循环；

(4) 输出累加和即可完成任务。

5.

方法一：

```c
#include<stdio.h>
void main()
{
    char ch;
    int a,b,c,d;
    a=b=c=d=0;
    ch=getchar();
    while(ch!='\n'){
        if(ch>='0' &&ch<='9')
            a++;
        else if(ch>='A' &&ch<='Z')
            b++;
        else if(ch>='a' &&ch<='z')
            c++;
        else
            d++;
        ch=getchar();
    }
    printf("%d,%d,%d,%d\n",a,b,c,d);
}
```

方法二：

```c
#include<stdio.h>
void main()
{
    char ch;
```

```
    int a,b,c,d;
    a=b=c=d=0;
    do{
        ch=getchar();
        if(ch>='0' &&ch<='9')
            a++;
        else if(ch>='A' &&ch<='Z')
            b++;
        else if(ch>='a' &&ch<='z')
            c++;
        else
            d++;
    }while(ch!='\n');
    printf("%d,%d,%d,%d\n",a,b,c,d-1);
}
```

提示与指导：

（1）方法一：因为需要输入多个字符，所以要使用循环结构，输入一个字符，如果不是换行符，判断其是否为数字字符（ASCII 码值介于字符 0 和字符 9 之间），是则统计量增一，否则接着判断其是否为大写字母、小写字母、其他字符，判断完成后读取下一个字符，当输入的字符是换行符时停止输入（循环结束），输出统计结果。

（2）方法二：程序设计思路同方法一，采用的是直到型循环。因此读取字符语句只需在循环体中出现即可，又因为在读取字符后先进行统计后判断其是否为换行符，因此其他字符统计值多了一个字符（换行符），在输出统计结果时应将其减去。

6. 提示与指导：

（1）先编写输出图形的上半部分程序，再编写下半部分程序，因为一个是图案数递增，另一个是图案数递减；

（2）先控制输出每一行的图案个数，这是一个双重循环，外层循环控制第几行，内层循环控制输出图形个数；

（3）再控制图形前空格的输出，显然图形是递增的，空格是递减的；

（4）以类似代码输出下半部分图形即可。

7.

```
#include<stdio.h>
int main()
{
    double e=1,jc=1;
    int n,i;
    scanf("%d",&n);
    for(i=1;i<=n;i++){
        jc *=i;
        e+=1.0/jc;
    }
    printf("e=%.11g",e);
    return 0;
}
```

提示与指导：

(1) 因为阶乘的使用是从 1 的阶乘开始，直到 n 的阶乘，因此可记住上一次计算的阶乘，就不需要单独编写一个内循环计算阶乘了；

(2) 本题控制输出了更精确的数据，除了最常用的输出格式，及简单的整数、实数控制，这类问题参照教材或查询资料能解决即可，用处不大。

8. 提示与指导：

(1) 用双重循环完成，外层循环控制第几行，内层循环控制输出公式的个数；

(2) 循环变量 i 和 j 出现在公式中，输出的公式之间用\t 分隔；

(3) n 控制输出的行数。

9.

```c
#include<graphics.h>
#include<stdio.h>
int main()
{
    int puke1,puke2;
    randomize();
    puke1=random(52);
    while(true){
        puke2=random(52);
        if(puke1!=puke2)
            break;
    }

    printf("两张扑克牌的数值分别是:%d,%d\n",puke1,puke2);
    printf("puke1 花色值是:%d,数字值是:%d\n",puke1/13,puke1%13);
    printf("puke2 花色值是:%d,数字值是:%d\n",puke2/13,puke2%13);

    int a,b;
    //将牌面值 0~12 按其比较时的大小转换为 1~12、0,以方便比较
    a=(puke1+12)%13;
    b=(puke2+12)%13;
    if(a > b)
        printf("puke1 大\n");
    else if(a < b)
        printf("puke2 大\n");
    else
        printf("两张牌一样大。\n");

    return 0;
}
```

提示与指导：

(1) 因为使用了 random()随机数函数，因此应建立 C++ 工程，主文件是 main.cpp。

(2) 在生成第二个随机数时，虽然概率较小，仅 $\dfrac{1}{52}$，但仍然可能生成与第一个数相同的随机数，这显然是不合理的，可以使用循环解决这一问题，即生成第二个随机数，与第一个随

机数不同则结束,否则重新生成随机数。

(3) 比较牌值时,因为 0(A)比 1～12 都大,需要特殊处理,在此将其旋转一下,将 0 移动到 12 的位置,其他牌值依次减一(左移),移动后只需要比较数值即可。

10. 提示与指导:

(1) 总体思路与上一题相同;

(2) 对于有大王、小王出现的牌,直接比较扑克牌本身的数值即可,不需要取余或取整操作了。

实验 5

1.

```
#include<stdio.h>
void main()
{
    int a[10]={1,2,3,4,5,6,7,8,9,10};
    int i,t;
    printf("原数组\n");
    for(i=0;i<10;i++)
        printf("%4d",a[i]);
    printf("\n");
    for(i=0;i<10/2;i++){
        t=a[i];
        a[i]=a[9-i];
        a[9-i]=t;
    }
    printf("对调后的组\n");
    for(i=0;i<10;i++)
        printf("%4d",a[i]);
    printf("\n");
}
```

提示与指导:

(1) 程序主体分为 3 组循环,一组为输出原始数据,一组为输出对调后的数据,中间一组是程序处理过程;

(2) 因为是数组中数据首尾交换,因此只需循环执行数组元素的 $\frac{1}{2}$ 次即可,否则执行两次交换后数组内容不变。在交换时引入中间变量 t,以防数据丢失。

2. 提示与指导:

(1) 初始化数组,要为插入的数据留出位置,即现有 6 个数据,则数组大小必须为 7 或 7 以上。因为数组中任何一个位置上都必须有数据,因此可以用 -1(或其他数字)代表该位置上没有数据。

(2) 既然找到数据应插入的位置后,从此位置开始的数据都要向后移动,因此可采用从后向前的处理方式,一边查找位置,一边移动数据。

(3) 方法是,查看当前数据是否大于要插入的数据,如果是则向后移动当前数据;否则将要插入的数据放在其后。

(4) 程序完成后,检查一下对边界情况是否适用,即要插入的数据需插入第一个或最后一个位置的情况。

3.

```c
#include<stdio.h>
void main()
{
    int a[10][10];
    int i,j,n,min,minIndex,max,maxIndex,t;
    printf("请输入数据 n 的值\n");
    scanf("%d",&n);
    printf("请输入数组的数据\n");
    for(i=0;i<n;i++)
        for(j=0;j<n;j++)
            scanf("%d",&a[i][j]);
    min=max=a[0][0];
    minIndex=maxIndex=0;
    for(i=0;i<n;i++){
        for(j=0;j<n;j++){
            if(min>a[i][j]){
                min=a[i][j];
                minIndex=i;
            }
            if(max<a[i][j]){
                max=a[i][j];
                maxIndex=i;
            }
        }
    }
    for(j=0;j<n;j++){
        t=a[minIndex][j];
        a[minIndex][j]=a[maxIndex][j];
        a[maxIndex][j]=t;
    }
    printf("交换后的数组\n");
    for(i=0;i<n;i++){
        for(j=0;j<n;j++)
            printf("%4d",a[i][j]);
        printf("\n");
    }
}
```

提示与指导:

(1) 首先查找最大值和最小值所在的行,在找到可能的最大值和最小值时记住其所在的行;

（2）在查找最大值或最小值时，注意初始化语句不能省略，否则一旦第一个元素是最大值或者最小值，将会由于变量未被赋值而出现错误；

（3）当找到最大值和最小值所在的行后，使用一个单重循环将其所对应的元素一一交换。

4. 提示与指导：

（1）定义 4×5 的数组，输入数据只占数组的一角；

（2）按行计算总成绩，按列计算平均成绩；

（3）按要求输出数组数据，注意右下角数据对输出的干扰。

5.

```c
#include<graphics.h>
#include<stdio.h>
int main()
{
    int a[3][8];
    int i,j,max,min,sum;
    randomize();
    for(j=0;j<8;j++)
        a[0][j]=random(3)+5;
    for(j=0;j<8;j++)
        a[1][j]=random(3)+8;
    for(j=0;j<8;j++)
        a[2][j]=random(3)+7;
    for(i=0;i<3;i++){
        min=max=0;
        for(j=1;j<8;j++){
            if(a[i][j]>a[i][max])
                max=j;
            if(a[i][j]<a[i][min])
                min=j;
        }
        sum=0;
        printf("No %d:\t",i+1);
        for(j=0;j<8;j++){
            if(j==min || j==max)
                printf("[%d]\t",a[i][j]);
            else{
                sum+=a[i][j];
                printf("%d\t",a[i][j]);
            }
        }
        printf("(%d)\n",sum);
    }
    return 0;
}
```

提示与指导：

（1）因使用了 random()随机数函数，需要建立 C++ 工程；

（2）用 3 个循环生成不同范围的随机数，random(n) 函数可生成 $0 \sim n-1$ 之间的随机数；

（3）主程序双重循环，外层循环针对每一行，内层第一个循环找到其最大值、最小值所在下标，如有多个最大值（或最小值），定位在第一个值上；内层第二个循环求和，并按要求格式输出数组内容。

6. 提示与指导：

（1）用双重循环找到数组中的每一行的最大值；

（2）判断其是否是该列的最小值，是则输出该位置，并记录找到了；

（3）循环结束后，如一个都没找到，则输出相应信息。

7.

```
#include<stdio.h>
void main()
{
    char s[30];
    int i,find=0,sum=0;
    gets(s);
    i=0;
    while(s[i]!='\0'){
        if(s[i]>='0' && s[i]<='9'){
            find=1;
            sum+=s[i]-'0';
        }
        i++;
    }
    if(find==1)
        printf("字符串中的数字之和为 %d\n",sum);
    else
        printf("字符串中没有数字！\n");
}
```

提示与指导：

（1）定义一个标记变量 find 用于标记字符串中是否包含数字字符，默认为不包含 0；

（2）对读入的字符串中的每个字符，判断其是否为数字字符，如果是则 find 标记设定为 1，累加数字的和；

（3）在累加时，应注意获得的是数字字符，应将其减去字符 0 获得该字符的字面数值。

8. 提示与指导：

（1）输入两个字符串；

（2）查子串方法：从主字符串第一个字符开始，如果后面的每个字符都与子字符串相同，则找到了；否则移动到下一个字符，重新开始前面的操作；

（3）按要求输出信息。

9.

```
#include<graphics.h>
#include<stdio.h>
```

```
int main()
{
    int puke[54];
    unsigned int rand[54];
    randomize();
    //初始化扑克牌和对应的随机数
    for(int i=0;i<54;i++){
        puke[i]=i;
        rand[i]=random(0);
    }
    printf("\n-----洗牌前-----\n");
    for(int i=0;i<54;i++)
        printf("%d,",puke[i]);
    //对随机数进行选择排序,同时调整对应扑克牌的次序
    for(int i=0;i<54-1;i++){
        int minIndex=i;
        for(int j=i+1;j<54;j++)
            if(rand[minIndex]>rand[j])
                minIndex=j;
        unsigned int t=rand[i];
        rand[i]=rand[minIndex];
        rand[minIndex]=t;
        int t2=puke[i];
        puke[i]=puke[minIndex];
        puke[minIndex]=t2;
    }
    //输出被随机化后的扑克牌值
    printf("\n-----洗牌后-----\n");
    for(int i=0;i<54;i++)
        printf("%d,",puke[i]);
    printf("\n");
    return 0;
}
```

提示与指导：

（1）之前采用的是使用随机数产生一个 0~53 的整数的方法随机取出一张牌，如果采用这种方式随机产生所有的扑克牌的话可以发现，随着取出的牌越来越多，再产生一个没有出现过的整数的概率越来越小。因为重复产生的数字必须被去除，这就造成了程序运行时间的不确定，这种不确定性是设计程序时应尽量避免的。

（2）因此采用这样的一种设计思路：为每张扑克牌产生一个对应的随机数，这就像在每张扑克牌上写一个随机数，然后按扑克牌上的随机数对扑克牌进行排序。在排序之前，扑克牌是有序的，而其上（其所对应）的数字是随机的；在排序完成后，扑克牌上随机数是有序的，扑克牌本身就是随机的了。

（3）定义一个与扑克牌数一样多的数组，存放随机数；对该数组进行排序，排序的过程中，扑克牌数组做同样的操作。

10. 提示与指导：

（1）先用第 9 题方式洗牌，玩家一是一二张牌，玩家二是三四张牌；

（2）两个玩家的牌都按从大到小次序排序；

（3）判断玩家一牌型，根据不同情况与玩家二进行比较；

（4）每次比较要先判断玩家二牌型后再比较；

（5）也可以先记录下两个玩家的牌型后，再进行比较。

实验 6

1.

```
#include<stdio.h>
int primeNum(int x);
void main()
{
    int i;
    for(i=2;i<1000;i++)
        if(primeNum(i)==1)
            printf("%d,",i);
    printf("\n");
}
int primeNum(int x)
{
    int i;
    for(i=2;i<x;i++)
        if(x%i==0)
            return 0;
    return 1;
}
```

提示与指导：

（1）函数在使用前应先声明，由于函数的返回值的类型是 int，本题不事先声明函数也能运行；

（2）用概念判断数字 x 是否为素数，当 x 被某个数整除时，直接判定 x 不是素数；

（3）在函数中的 return 语句将终止函数的执行，返回相应的函数值。

2. 提示与指导：

（1）函数的返回值是 int；

（2）3 个数需要调用两次最大值（最小值）函数，从而得到 3 个数的最大值（最小值）；

（3）函数通常都是完成某一个任务，与任务无关的代码不应出现在函数中，如输入输出代码等。

3.

```
#include<stdio.h>
int fun(int m,int n);
```

```
int fact(int n);
void main()
{
    int m,n,p;
    scanf("%d%d",&m,&n);
    p=fun(m,n);
    printf("%d\n",p);
}
int fun(int m,int n)
{
    return fact(m)/(fact(n) * fact(m-n));
}
int fact(int n)
{
    int i,fact=1;
    for(i=1;i<=n;i++)
        fact=fact * i;
    return fact;
}
```

提示与指导：

（1）虽然题目没有要求，但因为求阶乘函数频繁使用，在此定义为 fact()函数，这也正是函数使用的意义之一；

（2）fun()函数可以直接调用 fact()函数，完成计算；

（3）在编译器中，int 类型的取值范围有限，而求阶乘函数递增极快，注意测试时不要输入太大的数据，以免由于溢出输出错误结果。

4. 提示与指导：

（1）递归函数是在函数内部调用当前函数；

（2）递归必须要有结束条件。

5.

```
#include<stdio.h>
void catStr(char str1[],char str2[]);
int lenStr(char str[]);
void main()
{
    char str1[30],str2[30];
    gets(str1);
    gets(str2);
    printf("字符串 1 的长度为 %d\n",lenStr(str1));
    printf("字符串 2 的长度为 %d\n",lenStr(str2));
    catStr(str1,str2);
    puts(str1);
    printf("调用函数后字符串 1 的长度为 %d\n",lenStr(str1));
}
int lenStr(char str[])
{
```

```
    int i;
    i=0;
    while(str[i]!='\0')
        i++;
    return i;
}
void catStr(char str1[],char str2[])
{
    int i,j;
    i=0;
    while(str1[i]!='\0')
        i++;
    j=0;
    while(str2[j]!='\0'){
        str1[i]=str2[j];
        i++;
        j++;
    }
    str1[i]='\0';
}
```

提示与指导:

(1) 在求字符串长度的函数中,i 所在的位置是'\0'的位置,也就是字符串中最后一个字符的下标为 $i-1$,而数组下标是从 0 开始的,因此字符串长度为最后一个字符的下标加 1,正好是变量 i 的值;

(2) 字符串连接函数首先找到字符串 1 的结束位置'\0',然后对于字符串 2 中的每个字符,将其写到字符串 1 的结束位置上;

(3) 在将字符串 2 中的字符都连接到字符串 1 后,应注意添加字符串结束标记'\0'。

6. 提示与指导:

(1) 首先判断字符串的位数,于此同时可记录最大字符、最小字符的位置;

(2) 根据字符串的位数的奇偶性,删除最大字符或最小字符;

(3) 删除方法是,将最大字符或最小字符后面的所有字符都向前移动一位。

7.

```
#include<stdio.h>
int fun(int n,int m);
void main()
{
    int n,m,n1,n2;
    printf("请输入鸡兔总数和腿的总数\n");
    scanf("%d%d",&n,&m);
    n1=fun(n,m);
    if(n1!=-1){
        n2=n-n1;
        printf("鸡兔的数目分别是 %d 和 %d\n",n1,n2);
    }else
```

```
            printf("此题无解\n");
   }
   int fun(int n,int m)
   {
       int i;
       for(i=0;i<=n;i++)
           if(i * 2+(n-i) * 4==m)
               return i;
       return -1;
   }
```

提示与指导：

（1）在 fun()函数中用穷举的方式尝试每种可能，得到结果后立刻返回该值，否则返回－1；

（2）输入输出在主函数中完成，函数应只完成需要其完成的工作，此题中 fun()是判断鸡的数目的，此函数中不能有输入输出语句，因为其需要的数据已通过参数传入，输出方式由主调函数自己决定。

8. 提示与指导：

（1）check()函数：判断字符串的格式是否正确，有 2～7 位，由 0～9、a～f 或 A～F 组成，最后一位是 H 或 h；

（2）conv()函数：从右向左转换成十进制整数，第一位＋第二位 * 16＋第三位 * 16 * 16…；

（3）main()函数：输入十六进制字符串，调用 check()函数检查格式，通过后调用 conv()函数，输出转换后的结果。

9.

```
#include<graphics.h>
#include<stdio.h>
#include<iostream>
#include<sstream>
using namespace std;
void shuttle(int puke[],int n);
void showImage(string imageName,intx,int y);
int main()
{
    int a,x=10,y=10;
    int puke[54];
    for(int i=0;i<54;i++){
        puke[i]=i;
    }
    shuttle(puke,54);

    initgraph(600, 600);
    setbkcolor(WHITE);

    ostringstreamoss;
```

```
        for(int i=0;i<16;i++){
            oss.str("");
            oss<<"c:/image/"<<puke[i]<<".jpg";
            string picName=oss.str();

            showImage(picName,x,y);
            x+=20;
        }

        getch();
        closegraph();
        return 0;
}
void shuttle(int puke[],int n)
{
        unsigned int rand[n];
        randomize();
        for(int i=0;i<n;i++){
            rand[i]=random(0);
        }
        for(int i=0;i<n-1;i++){
            int minIndex=i;
            for(int j=i+1;j<n;j++)
                if(rand[minIndex]>rand[j])
                minIndex=j;
            unsigned int t=rand[i];
            rand[i]=rand[minIndex];
            rand[minIndex]=t;
            int t2=puke[i];
            puke[i]=puke[minIndex];
            puke[minIndex]=t2;
        }
}
void showImage(string imageName,intx,int y)
{
        LPCTSTR picName;
        picName=imageName.c_str();

        PIMAGE pimg = newimage();
        getimage(pimg,picName);
        putimage(x, y, pimg);
        delimage(pimg);
}
```

提示与指导:

(1) 将本题洗牌代码用函数方式实现,编写 shuttle()函数;

(2) shuttle()函数有两个参数,一个是扑克牌数组,另一个是数组中扑克牌数,这是有意义的,例如某些扑克牌的玩法中要去掉大王、小王,这时扑克牌数就是 52 张了;

（3）showImage（）函数可直接使用，main（）主函数也不需要做较大改动，由此可以看出，如果函数设计合理，在重复利用时是很方便的。

10. 提示与指导：

（1）编写、整理扑克牌函数，本质就是从大到小排序，注意需要取余数后比较；

（2）参考上一题洗牌，调用整理函数后，显示扑克牌。

实验 7

1.

```
#include<stdio.h>
void main()
{
    int a[20]={1,3,5,7,9,11,13};
    int x, * p;
    scanf("%d",&x);
    p=&a[19];
    while( * p==0)
        p--;
    while( * p>x){
        * (p+1)= * p;
        p--;
    }
    * (p+1)=x;
    p=a;
    while( * p!=0){
        printf("%d,", * p);
        p++;
    }
    printf("\n");
}
```

提示与指导：

（1）假定 0 是一个不会出现的无效数字（也可以使用 -1、-999 等），用来代表该位置是空的；

（2）因为数组是有序的，一旦找到插入数据的位置，原来位于该位置及以后的数据都要向后移动一位，所以可采用从后到前的比较方式：首先定位到第一个有效数字，然后判断此数值是否大于输入的数字 x，如果大，则向后移动一位，这样循环直到找到小于 x 的数字，将 x 放置到此数字的后面位置上（前面的处理已将此位置空出，该位置上的数据已经向后复制移动一位了）。

2. 提示与指导：

（1）sort（）函数对数组 a 中 n 个数据进行排序，可用任何一种排序方式完成；

（2）主函数定义数组，输入数据，调用 sort（）函数，输出排序后的数组。

3.

```
#include<stdio.h>
void reverse(int * p, int n);
void main()
{
    int a[10],i;
    for(i=0;i<10;i++)
        scanf("%d",&a[i]);
    reverse(a,10);
    for(i=0;i<10;i++)
        printf("%d,",a[i]);
}
void reverse(int * p, int n)
{
    int t,i;
    for(i=0;i<n/2;i++){
        t=p[i];
        p[i]=p[n-1-i];
        p[n-1-i]=t;
    }
}
```

提示与指导:

(1) 数组内容翻转与字符翻转类似,执行 $n/2$ 次交换即可;

(2) 使用类似数组调用的写法通常情况下可读性更好一些,此时相当于使用的是指针常量;

(3) 也可使用指针变量完成 reverse()函数,此时定义一个新指针变量 e 指向数组的最后一个元素,然后 p 向后移动,e 向前移动;

(4) 使用指针变量完成的 reverse()函数如下。

```
void reverse(int * p, int n)
{
    int t, * e;
    e=p+n-1;
    while(p<e){
        t= * p;
        * p= * e;
        * e=t;
        p++;
        e--;
    }
}
```

4. 提示与指导:

(1) 数组转置,就是将 matrix[i][j]与 matrix[j][i]数据交换;

(2) 注意二维数组作为参数时的函数声明方式;

（3）主函数定义并初始化数组，输出 n，调用函数，输出转置后数组的 $n*n$ 部分。

5.

```
#include<stdio.h>
void upCopy(char * new1,char * old);
void main()
{
    char s1[20],s2[20];
    gets(s1);
    gets(s2);
    upCopy(s1,s2);
    puts("upCopy 函数调用后:");
    puts(s1);
}
void upCopy(char * new1,char * old)
{
    while(* new1!='\0')
        new1++;
    while(* old!='\0'){
        if(* old>='A' && * old<='Z')
            * new1++= * old;
        old++;
    }
    * new1='\0';
}
```

提示与指导：

（1）字符串连接函数首先找到字符串 new1 的结束位置；

（2）然后对于字符串 old 中的每个字符，判定其是否为大写字母，如果是则将其写到字符串 new1 的结束位置上；

（3）在将字符串 old 中的字符都连接到字符串 new1 后，添加字符串结束标记'\0'。

6. 提示与指导：

（1）字符串连接算法：找到第一个字符串结束位置，将第二个字符串中的每个字符都复制过来，包括最后的字符串结束符；

（2）主函数初始化数据，调用函数，输出处理后的字符串。

7.

```
#include<stdio.h>
void delet(char * str,charch);
void main()
{
    char s1[20],ch;
    puts("请输入字符串:");
    gets(s1);
    puts("请输入要删除的字符:");
    ch=getchar();
    delet(s1,ch);
```

```
    puts("调用 delet()函数后:");
    puts(s1);
}
void delet(char * str,charch)
{
    char * p;
    p=str;
    while( * str!='\0'){
        if( * str!=ch)
            * p++= * str;
        str++;
    }
    * p='\0';
}
```

提示与指导:

(1) 因为字符串中可能多次出现要删除的字符,因此可使用字符指针变量 p 记住删除后的字符串的结束位置;

(2) 对于字符串中的每个字符,判定其是否为要删除的字符,如果不是则将其写到指针 p 的位置上,指针 p 的位置加一,最后添加字符串结束标记'\0'。

8. 提示与指导:

(1) 找到第一个字符串下标为 m 的位置,复制 n 个字符到第二个字符串中,如果遇到字符串结束符停止复制,为第二个字符串添加结束符;

(2) 主函数初始化数据,调用函数,输出处理后的第二个字符串。

9.

```
#include<stdio.h>
int main()
{
    char s[100];
    gets(s);
    print_reverse(s);
    return 0;
}
void print_reverse(char * s)
{
    char * t;
    t=s;
    while( * s!='\0')
        s++;
    s--;
    while(t<s){
        if( * s==' '){
            * s='\0';
            printf("%s ",s+1);
        }
        s--;
```

```
    }
    puts(s);
}
```

提示与指导：

(1) 函数从后向前输出字符串，先定位字符串的结束位置；

(2) 然后从后向前找到一个空格，输出空格后的单词(字符串)；

(3) 为防止对后续输出的影响，将空格改为字符串结束符；

(4) 直到执行到字符串开始处，输出最后一个单词即可。

10. 提示与指导：

(1) 建立 C++ 工程；

(2) 编写牌型判断函数、牌值比较函数、洗牌函数和牌型整理函数；

(3) 主函数先生成扑克牌，洗牌、发牌、整理扑克牌后显示，判断玩家牌型，根据牌型调用比较函数比较大小，最后输出结果。

实验 8

1.

```
#include<stdio.h>
struct date{
    int year;
    int month;
    int date;
};
int main()
{
    struct date d1;
    int days[]={31,28,31,30,31,30,31,31,30,31,30,31};
    int i,sumDays;
    puts("请输入年,月,日;用空格隔开:");
    scanf("%d%d%d",&d1.year,&d1.month,&d1.date);
    sumDays=d1.date;
    for(i=1;i<d1.month;i++)
        sumDays+=days[i-1];
    if(d1.month>2)
        if((d1.year%4==0&&d1.year%100!=0)||d1.year%400==0)
            sumDays++;
    printf("%d 年%d 月%d 日是该年的第%d 天。\n",d1.year,d1.month,d1.date,
sumDays);
    return 0;
}
```

提示与指导：

（1）结构体通常会在多个函数中使用，因此定义在 main()函数之外；

（2）结构体中数据的访问采用"."的调用方式，然后可按之前数据类型的处理方式进行处理。

2. 提示与指导：

（1）变量的初始化赋值可以在结构体内实现，也可以在主程序中编码实现；

（2）输入前用输出语句给出提示信息，程序会更友好，当然这不是必须的；

（3）使用结构体指针的格式为"结构体实例.变量"。

3.

```c
#include<stdio.h>
void sumScore(struct score sc[],int n);
struct score{
    int snum;
    char name[20];
    int score[3];
    int sum;
};
int main()
{
    struct score sc[5];
    int i;
    for(i=0;i<5;i++){
        printf("请输入第%d个学生的学号:\n",i+1);
        scanf("%d",&sc[i].snum);
        printf("请输入姓名:\n");
        getchar();
        gets(sc[i].name);
        printf("请输入 3 个科目的成绩:\n");
        scanf("%d%d%d",&sc[i].score[0],&sc[i].score[1],&sc[i].score[2]);
        return 0;
    }
    sumScore(sc,5);
    for(i=0;i<5;i++){
        printf("%d\t",sc[i].snum);
        printf("%s\t",sc[i].name);
        printf("%d\t%d\t%d\t%d\n",sc[i].score[0],sc[i].score[1],sc[i]
.score[2],sc[i].sum);
    }
}
void sumScore(struct score sc[],int n)
{
    int i;
    for(i=0;i<n;i++)
        sc[i].sum=sc[i].score[0]+sc[i].score[1]+sc[i].score[2];
}
```

提示与指导：

（1）结构体定义在 main()函数之外，结构体数组中数据的访问形式与普通数组的访问形式相同；

（2）sumScore()函数有两个参数，一个是结构体数组，另一个是数组中元素的个数；

（3）在函数调用中，使用指向结构体数组的指针形式访问结构体数组更为常用。

4. 提示与指导：

（1）总成绩排序算法采用熟悉的算法，如选择排序、冒泡排序、归并排序；

（2）sort()函数结构体数组指针参数编码与之前函数章节中数组指针的参数设计思想一致，区别仅在于结构体数组中存放的是结构体变量；

（3）使用结构体指针的格式为"结构体指针→变量"；

（4）程序输入和输出语句设计中，尽量多用 printf()打印提示信息。

5.

```c
#include<stdio.h>
#include<stdlib.h>
struct student{
    int snum;
    char name[20];
    int sex;
    char class1[20];
    char major[20];
    struct student * next;
};
typedef struct student Student, * pStudent;
Student * add(pStudent head);
void show(pStudent head);
int main()
{
    pStudent head=NULL;
    show(head);
    head=add(head);
    head=add(head);
    show(head);
    return 0;
}
Student * add(pStudent head)
{
    pStudent p;
    p=(Student *)malloc(sizeof(Student));
    puts("请输入学号:");
    scanf("%d",&p->snum);
    getchar();
    puts("请输入姓名:");
    gets(p->name);
    puts("请输入性别,男输入1,女输入0:");
    scanf("%d",&p->sex);
    getchar();
    puts("请输入班级:");
    gets(p->class1);
```

```
    puts("请输入专业:");
    gets(p->major);
    if(head==NULL)
        p->next=NULL;
    else
        p->next=head;
    return p;
}
void show(pStudent head)
{
    if(head==NULL)
        printf("链表中没有数据节点\n");
    else
        do{
            printf("%d\t%s\t%d\t",head->snum,head->name,head->sex);
            printf("%s\t%s\n",head->class1,head->major);
            head=head->next;
        }while(head!=NULL);
}
```

提示与指导：

（1）因为经常定义结构体变量，因此使用 typedef 简化定义语句；

（2）参考代码中只有一个链表，因此没有链表的创建函数；

（3）使用内存分配函数，因此必须要包含文件"stdlib.h"；

（4）add()函数申请了新的内存空间，将其地址返回给调用函数，所以声明其返回值为节点指针类型。

6. 提示与指导：

（1）删除链表需要标记删除节点的指针前向节点和后向节点；

（2）结构体关联专业变量，改变链表指向节点进行删除操作；

（3）程序输入和输出语句设计中，尽量多用 printf()打印提示信息。

7.

```
#include<stdio.h>
#include<string.h>
struct tl
{
    char name[11];
    char telnum[12];

};
int main()
{
    struct tltele[50],te;
    char t[50];
    int k,i,j;
    scanf("%d",&k);
    for(i=0;i<=k-1;i++){
```

```
            scanf("%s",t);
            strncpy(tele[i].name,t,10);
            tele[i].name[10]=0;
            scanf("%s",t);
            strncpy(tele[i].telnum,t,10);
            tele[i].telnum[10]=0;
        }
        /*按姓名字典排序*/
        for (j=0;j<=k/2;j++){
            for(i=0;i<=k-2;i++){
                if (strcmp(tele[i].name,tele[i+1].name)>0){
                    te=tele[i+1];
                    tele[i+1]=tele[i];
                    tele[i]=te;
                }
            }
        }
        for(i=0;i<=k-1;i++)
            printf("%12s%12s\n",tele[i].name,tele[i].telnum);

        return 0;
}
```

提示与指导：

(1) 定义的结构体类型包含姓名和电话号码，均为字符型变量，即 char name[11] 和 char telnum[12]；

(2) 用户首先在第一行输入一个正整数，该正整数表示待排序的用户数目，然后多行输入多个用户的信息，每行的输入格式为"姓名电话"；

(3) 程序输出排序后的结果，每行的输出结果格式也是"姓名电话"，电话号码为 11 位字符，超过 11 位时按 11 位处理，输出姓名、电话字段，各占 12 个字符；

(4) 姓名排序时，通过 strcmp() 函数比较首字母的 ASCII 码值大小，采用经典的排序算法。

8. 提示与指导：

(1) 定义的结构体包含职工的工号、姓名、基本工资、岗位工资、奖金、医疗保险、公积金、税金和实发工资等属性变量，其中职工姓名为字符型变量，其他为整型变量；

(2) 使用 computeSalary() 函数进行工资计算，计算的公式为：实发工资＝基本工资＋岗位工资＋奖金－医疗保险－公积金－税金；

(3) 为保证输出的数字对齐显示，在 printf() 输出函数中使用"-10d%"格式，其中 10 表示 10 个字符，-表示数字左对齐。

9.

```
#include<stdio.h>
struct bmpfilehead{
    char id[5];                        //文件标识
    int size;                          //文件大小
```

```
    int temp;                    //文件保留,设置为 0
    int bmpdataoffset;           //从文件开始到位图实际数据开始之间的偏移量
    int bmpheadersize;           //位图信息头长度
    int bmpwidth;                //位图宽度,单位为像素
    int bmpheight;               //位图高度,单位为像素
    int bmpplanes;               //位图的位面数,总为 1
};
int main()
{
    struct bmpfileheadbhead={"BM",100,0,10,300,800,900,1}, * bp;
    bp=&bhead;
    readBmpfileheader(bp);
    return 0;
}
void readBmpfileheader(struct bmpfilehead * bp)
{
    printf("位图文件的大小:%d\n",bp->bmpheadersize);
    printf("位图宽度:%d\n",bp->bmpwidth);
    printf("位图高度:%d\n",bp->bmpheight);
}
```

提示与指导:

(1) 定义的结构体包含位图文件标识、文件大小、文件保留、文件头偏移量、信息头长度、位图宽度、位图高度、位图的位面数等属性变量,其中文件标识为字符型变量,其他为整型变量;

(2) 结构体初始化的格式为 struct bmpfileheadbhead = {"BM",100,0,10,300,800,900,1};

(3) 使用自定义函数 readBmpfileheader()进行位图文件头信息读取,读取内容为文件大小、位图宽度和位图高度,定义函数 readBmpfileheader(struct bmpfilehead * bp),参数为结构体指针的形式,读取文件大小的输出格式为 printf("位图文件的大小: %d\n",bp->bmpheadersize)。

实验 9

1.

```
#include<stdio.h>
#define max(x,y) (x>y? x:y)
#define min(x,y) (x<y? x:y)
int main()
{
    int x,y;
    printf("Please input x, y:");
    scanf("%d%d",&x,&y);
```

```
    printf("The max value of x, y:%d\n",max(x,y));
    printf("The min value of x, y:%d\n",min(x,y));
    return 0;
}
```

提示与指导：

(1) 使用♯define 定义的变量，预编译以后程序中所有的三目运算表达式（x＞y?x：y）被 max(x,y)替代；

(2) 表达式(x＜y?x：y)被 min(x,y)替代。

2. 提示与指导：

(1) ♯define 定义加法和减法运算，加减法用参数替代，简化主程序的代码；

(2) 主程序定义的加减法变量，可以使用整数类型，也可以使用浮点数类型；

(3) 程序输入和输出语句设计中，尽量多用 printf()打印提示信息。

3.

```
#define CONDITION(Status) (Status<0)
#include<stdio.h>
int main()
{
    int d;
    printf("Please input a integer number(n>=0)\n");
    do
    {
        scanf("%d",&d);
    }while(CONDITION(d));
    return 0;
}
```

提示与指导：

(1) 使用♯define 定义的变量，预编译以后程序中 while(CONDITION(d))在编译之前被无条件替换为 while(d＜0)；

(2) 宏定义和调用在形式上与函数比较相似，但是原理不同。

4. 提示与指导：

(1) ♯define 定义条件语句用参数替代，简化主程序的代码；

(2) 输入的数为整数类型；

(3) 程序输入和输出语句设计中，尽量多用 printf()打印提示信息。

5.

```
#include<stdio.h>
#define COUNT 20
int main()
{
    float fAvg;                              /*平均成绩 */
    float fMax;                              /*最高成绩 */
    int iMax;
```

```
    float fSum;
    int i;
    /* C 语言成绩人数 COUNT */
    float fCScore[COUNT]={78.5,65,89,65,45,62,89,99,85,85,100,58,98,86,68,66,
                          85.5,89.5,75,76};

    /* 计算总分 */
    fSum=0;
    for(i=0;i<COUNT;i++)
        fSum=fSum+fCScore[i];
    /* 计算平均分 */
    fAvg=fSum/COUNT;
    /* 计算最高分 */
    fMax = fCScore[0];
    iMax=0;
    for(i=0;i<COUNT;i++)
    {
        if(fMax<fCScore[i])
        {
            iMax=i;
            fMax=fCScore[i];
        }
    }
    /* 输出信息 */
    printf("The Score of C Programming Language\n");
    printf("The intial score is:");
    for(i=0;i<COUNT;i++)
        printf(" %4.1f",fCScore[i]);
    printf("\nThe Max Score is %8.2f \n",fCScore[iMax]);
    printf("The Average is %8.2f \n",fAvg);
    return 0;
}
```

提示与指导:

(1) 使用 ♯define 定义的无参数宏 COUNT 替代整型常量 20,20 代表全班同学的总人数;

(2) 根据求解问题的需要,20 出现了多次,如果题目改为全班同学 30 人,只需在宏定义 ♯define 位置把 20 修改为 30,初始化 30 名同学的成绩;

(3) 宏定义方便程序的编写,减少编译错误。

6. 提示与指导:

(1) 1.c 文件中应用 ♯include "2.c"预编译把 2.c 文件组织起来;

(2) 2.c 文件的变量定义与 1.c 文件的变量对应;

(3) 程序输入和输出语句设计中,尽量多用 printf()打印提示信息。

实验 10

1.

```
#include<stdio.h>
#include<stdlib.h>
#include<string.h>

int main()
{
    FILE * fp;
    char filename[12]={"data.txt"};

    int a[10],i,max,min;
    printf("请输入 10 个整数:\n");
    for (i=0;i<10;i++)
    {
        scanf("%d",&a[i]);
    }

    if((fp=fopen(filename,"w"))==NULL)         //建立数据文件 data.txt
    {
        printf("Can't open the %s\n",filename);
    exit(0);
    }

    /*屏幕输出 10 个整数*/
    printf("输入的 10 个整数:");
    for(i=0;i<10;i++)
        printf(" %d",a[i]);
    fprintf(fp,"输入的 10 个整数:");

    /*初始化整数输出到文件*/
    for(i=0;i<10;i++)
        fprintf(fp," %d",a[i]);

    max=a[0];
    min=a[0];
    for (i=1;i<10;i++)
    {
        if (a[i]>max)
            max=a[i];
        if (a[i]<min)
            min=a[i];
    }
```

```
    //屏幕输出
    printf("\n最大值是%d,最小值是%d\n",max,min);
    //文件输出
    fprintf(fp,"\n最大值是%d,最小值是%d\n",max,min);

    fclose(fp);                              //关闭指针文件
    return 0;
}
```

提示与指导：

(1) 语句 FILE＊fp 声明一个文件指针 fp,使用字符数组 filename[]保存文件名,使用的 fopen()函数中参数 w 表示打开一个只写文件；

(2) 使用 fprintf()函数将数组中的整型数值输出到 data.txt 文件中,各整型数之间用空格间隔。

2. 提示与指导：

(1) 语句 FILE＊fp 声明一个文件指针 fp,使用字符数组 filename[]保存文件名,使用的 fopen()函数中参数 w 表示打开一个只写文件；

(2) 学生的定义变量可以使用结构体组织形式；

(3) 使用 fprintf()函数将数组中的整型数值输出到 student.txt 文件中,各整型数之间用空格间隔；

(4) 程序输入和输出语句设计中,尽量多用 printf()打印提示信息。

3.

```
#include<stdio.h>
#include<string.h>
#include<stdlib.h>

int main()
{
    FILE *in, *out;
    char infile[20],outfile[20];
    printf("Enter the source file name:");
    scanf("%s",infile);
    printf("Enter the destination file name:");
    scanf("%s",outfile);
    if((in=fopen(infile,"r"))==NULL)
    {
        printf("cannot open infile\n");
        exit(0);
    }
    if((out=fopen(outfile,"a"))==NULL)
    {
        printf("cannot open outfile\n");
        exit(0);
    }
    while(!feof(in))
```

```
        fputc(fgetc(in),out);
    fclose(in);
    fclose(out);
    return 0;
}
```

提示与指导：

（1）本实验实例需要提前建立两个文本文件 source.txt 和 dest.txt，两个文件都放在源程序当前文件夹；

（2）fopen()函数中参数 r 表示打开一个只读文件；参数 a 表示以添加的方式打开只写文件，若文件不存在，则会建立该文件，如果文件存在，写入的数据会被添加到文件尾，即文件原先的内容会被保留；

（3）使用 fgetc()函数将源文件中的字符一个一个读取出来，再使用 fputc()函数将读取的字符写入目的文件中。

4. 提示与指导：

（1）定义两个文件类型指针，分别指向输入文件和输出文件，fopen()函数构建二进制文件类型，其中输入文件为二进制读文件，输出文件为二进制写文件；

（2）通过循环过程，使用 fread()和 fwrite()两个函数将数据写入二进制文件中；

（3）程序输入和输出语句设计中，尽量多用 printf()打印提示信息。

5.

```
#include<stdio.h>
#include<string.h>
int main()
{
    FILE * in, * out;
    int i=0,l,n;
    char a[50],b[50],s[10000],ch;

    in=fopen("filein.txt","r");
    out=fopen("fileout.txt","w");

    scanf("%s",a);
    scanf("%s",b);
    l=strlen(a);

    while((ch=fgetc(in))!=EOF)
        s[i++]=ch;
    n=i;

    for(i=0;i<n;i++)
    {
        if(s[i]==a[0]&&s[i+1]==a[1]&&s[i+l-1]==a[l-1])
        {
            fprintf(out,"%s",b);
            i=i+l-1;
```

```
        }
        else   fputc(s[i],out);
    }

    fclose(in);
    fclose(out);

    return 0;
}
```

提示与指导：

（1）程序的思想是从控制台输入两行字符串，第一行是 filein.txt 文件中被替换的字符串，第二行是替换的字符串；

（2）在程序中使用 fopen()函数打开当前文件夹下的文本文件，使用 fgetc()函数读取文本文件中的数据，使用 while((ch=fgetc(in))!=EOF)语句循环读取文件中的字符，直到文件中字符串的结尾；

（3）程序中通过判断语句，把被替换的字符串替换为替换的字符串。最后，fprintf()函数输出替换后的全部内容到 fileout.txt 文件；

（4）程序结束前，使用 fclose()函数关闭文件指针。

6. 提示与指导：

（1）语句 FILE ∗fp 声明一个文件指针 fp，使用字符数组 filename[]保存文件名，使用的 fopen()函数中参数 w 表示打开一个只写文件；

（2）主函数调用子函数，子函数是计算平均成绩的模块；

（3）stuinfo.txt 文件中每名学生的学号、姓名、三门课成绩和平均成绩使用空格间隔。

7.

```
#include<stdio.h>
#include<stdlib.h>
#define MAXLEN 100
#define MAX 10
#define IN_FILE "trans.in"
#define OUT_FILE "trans.out"


int trans (char ∗ s, int a[])
{
    int n = 0,d;
    while ( ∗ s!='\0')
    {
        while (( ∗ s >'9' || ∗ s<'0') && ( ∗ s !='\0'))
            s++;
        if ( ∗ s == '\0')
            break;

        d = 0;
        while ( ∗ s >='0' && ∗ s <='9')
```

```
        {
            d=10 * d+( * s-'0');
            s++;
        }
        a[n]=d;
        n++;
    }
    return n;
}

int main()
{
    FILE * hFileIn, * hFileOut;
    char s[MAXLEN];
    int a[MAXLEN], i, n;

    if ((hFileIn=fopen(IN_FILE, "r")) == NULL)
    {
        printf("Can't open file %s!\r\n", IN_FILE);
        return -1;
    }
    if ((hFileOut=fopen(OUT_FILE, "w")) == NULL)
    {
        printf("Can't open file %s!\r\n", OUT_FILE);
        return -1;
    }

    fgets(s, MAXLEN, hFileIn);
    n = trans(s, a);
    fprintf(hFileOut,"%d\n",n);
    for(i=0;i<n;i++)
        fprintf(hFileOut, "%s%d", (i!=0)?" ":"",a[i]);
    fprintf(hFileOut,"\n");

    fclose(hFileIn);
    fclose(hFileOut);
    return 0;
}
```

提示与指导：

(1) 定义子函数，在函数中使用算法循环判断语句 while (((* s >'9' || * s<'0') && (* s !='\0'))，找出数字串，然后使用算法语句 d=10 * d+(* s-'0')，把数字字符转换为整数；

(2) 使用宏定义 ♯define IN_FILE "trans.in" 和 ♯define OUT_FILE "trans.out"，把输入和输出文件规范格式，使用文件指针 hFileIn=fopen(IN_FILE, "r") 和系统文件读取函数 fgets(s, MAXLEN，hFileIn)，读取文件 trans.in 中的字符串；

(3) 使用 fprintf(hFileOut,"％d\n",n) 函数，把整数统计结果输出到 trans.out 文件中；

(4) 程序结束前,使用 fclose()函数关闭文件指针。

8. 提示与指导:

(1) 在 main()函数中使用文件指针打开并读取文件 signal.txt,程序为 fp = fopen("signal.txt","r"),其中 signal.txt 文件保存了 20 个随机数,文件放在主程序所在的文件夹中;

(2) 读取文件中的随机数并存储在数组中的语句为:fscanf(fp,"%d",&data[i]),切记,通过 for(i=0;!feof(fp);i++)循环,把每个随机数存储在数组元素中;

(3) 根据平方平均数的公式 $sqrt((X_1^2+X_2^2+\cdots+X_n^2)/N)$ 计算均方根结果,输出屏幕的语句为 printf("\n%0.2f\n",RMS);

(4) 程序结束前,使用 fclose()函数关闭文件指针。

9.

```c
#include<stdio.h>
#define N 56

int main()
{
    FILE * fp;
    int i,sum=0;
    int data[100];
    float temp[7];

    fp=fopen("power.txt","r");
    if(fp==NULL)
    {
        printf("文件读取无效!\n");
        return -1;
    }
    for(i=0;!feof(fp);i++)
        fscanf(fp,"%d",&data[i]);

    printf("读取文件中的某电站输出功率数据:\n");
    for(i=0;i<N;i++)
    {
        printf("%-5d",data[i]);
        if((i+1)%7==0)
            printf("\n");
    }

    for(i=0;i<7;i++)
    {
        sum=data[i]+data[i+7]+data[i+14]+data[i+21]
            +data[i+28]+data[i+35]+data[i+42]+data[i+49];
        temp[i]=(float)sum/8;
    }

    printf("某电站 8 周内每天的平均输出功率值:\n");
```

```
        for(i=0;i<7;i++)
            printf("%-5.0f",temp[i]);
        printf("\n");

        fclose(fp);
        return 0;
}
```

提示与指导：

（1）在 main（）函数中使用文件指针打开并读取文件 power.txt，程序为 fp＝fopen("power.txt","r")，其中 power.txt 文件保存了 56 个功率值，按 8 行 7 列存储，文件放在主程序所在的文件夹中。

（2）读取文件中的数据并存储在数组中的语句为 fscanf(fp,"%d",&data[i])。切记，通过 for(i=0;!feof(fp);i++)循环，把每个数据存储在数组元素中。

（3）数据保存在一维数组中，输出通过判断语句 if((i+1)%7==0)printf("\n")把数据按 7 列 8 行输出。

（4）根据平均数的公式，按每列 8 行数据相加除以行数 8，计算平均值结果，输出语句为 for(i=0;i<7;i++)printf("%-5.0f",temp[i])，将 8 周内每天的平均结果输出到屏幕。

（5）注意：程序结束前，使用 fclose（）函数关闭文件指针。

实验 11

1.问题分析：基站是以坐标原点为中心，设某一点(x,y)的半径距离为r，则$r=\sqrt{x^2+y^2}$，满足条件$r\leqslant35$。算法的流程图（略）。

```
#include<stdio.h>
#include<math.h>
/*
*  函数名:circleR()
*  功能:计算半径距离(km)
*  输入:coorX 坐标轴 X 点
        coorY 坐标轴 Y 点
*  输出:(X, Y)点到原点距离 R
*  返回值:R
*/
double circleR(double coorX, double coorY)
{
    double R;
    R=sqrt(coorX * coorX+coorY * coorY);
    return R;
}

main()
{
```

```
    double x, y, disR;
    printf("请输入坐标点(x,y)的值:");            //输入坐标点 x,y 的值
    scanf("%f%f", &x, &y);
    disR=circleR(x,y);
    if(disR<=35)                                  //判断语句,是否在范围内
    {
        printf("坐标点在基站覆盖范围内.\n");
    }
    else
        printf("坐标点不在基站覆盖范围内.\n");
}
```

提示:首先分析问题,构建适合问题描述的数学表达式。对程序进行功能性描述,注明程序的函数名、功能、输入、输出、返回值等内容,便于阅读和理解程序。程序模块化的思想是由功能子程序实现的,程序模块的函数参数变量规范化定义。

提示与指导:

(1) 分析问题,构建适合问题描述的数学表达式;

(2) 对程序进行功能性描述,注明程序的函数名、功能、输入、输出、返回值等内容,便于阅读和理解程序;

(3) 程序模块化的思想是由功能子程序实现的,程序模块的函数参数变量规范化定义。

2. 提示与指导:

(1) 先画出流程图,再定义符合标准的命名法的变量;

(2) 使用循环语句计算 48 小时内的探空气球的速度和高度;

(3) 关键算法使用详细注释。

3. 问题分析:分别构建时间和高度的子函数,在主程序中调用,输出显示炮弹飞行时间和垂直高度。算法的流程图(略)。

```
#include<stdio.h>
#include<math.h>
#define g 9.8
/*
* 函数名:flyTimeCompute
* 功能:计算飞行时间和垂直高度
* 输入:distance 水平距离(米)
        velocity 炮弹速度(米/秒)
        seta 炮弹发射仰角(弧度)
* 输出:炮弹飞行时间 time
* 返回值:time
*/
double flyTimeCompute(double distance, double velocity, double seta)
{
    double time;
    time=distance/(velocity * cos(seta));
    return time;
}
/*
```

```
 * 函数名:verHeightCompute()
 * 功能:计算飞行时间和垂直高度
 * 输入:velocity 炮弹速度(米/秒)
         seta 发射仰角(弧度)
         time 炮弹飞行时间(秒)
         t 某时刻(秒)
 * 输出:炮弹垂直高度 verHight
 * 返回值:flyHeitht
 */
double verHeightCompute(double velocity, double seta, double time, double t)
{
    double flyHeitht;
    flyHeitht=velocity * sin(seta) * time-g * t * t/2;
    return flyHeitht;
}

int main()
{
    double distance, velocity, seta, t;
    double time, verHeitht;
    printf("请输入水平距离、炮弹速度、发射仰角、某时刻的值:");
    scanf("%lf%lf%lf%lf", &distance,&velocity,&seta,&t);
    time=flyTimeCompute(distance, velocity, seta);
    verHeitht=verHeightCompute(velocity, seta, time, t);
    printf("炮弹飞行时间为%lf,垂直高度为%lf.\n",time,verHeitht);
    return 0;
}
```

提示与指导:

(1) 分析问题,构建适合问题描述的数学表达式,分别构建时间和高度的子函数;

(2) 子程序变量定义需要规范化,便于程序阅读和调用;

(3) 主程序中涉及键盘输入和结果输出的程序行,需要提示语句,体现程序设计的友好性。

4. 提示与指导:

(1) 先画出流程图,再定义符合标准的命名法的变量;

(2) 根据氨基酸表获取 20 种氨基酸的原子数量,使用数组和循环结构;

(3) 关键算法使用详细注释。

5. 程序代码如下:

```
/* 计算空气阻力 */
#include<stdio.h>
#define ROU 1.23
/*
 * 函数名:getF()
 * 功能:计算空气阻力
 * 输入:area 面积(平方米)
         cd 空气阻力系数(无量纲)
```

```
          velocity 行驶速度(米/秒)
* 输出:无
* 返回值:空气阻力
*/
float getF(float area, float cd, float velocity)
{
    return 0.5 * ROU * area * cd * velocity * velocity;
}

int main()
{
    float a, cd, v;
    int i;
    printf("请输入车的投影面积(平方米):");       //输入车投影
    scanf("%f", &a);
    printf("请输入空气阻力系数(0.2~0.5):\n");
    scanf("%f", &cd);
    for(i=0; i<=20; i++)                        //循环语句输出速度 0~20m/s 的空气阻力
    {
        v = i;
        printf("速度为%dm/s时的空气阻力为%f牛顿\n", i, getF(a, cd, v));
    }
    return 0;
}
```

提示与指导:

(1) 分析问题,构建适合问题描述的数学表达式,由主函数调用运动阻力计算函数,在 C 语言中适合使用宏定义的方法定义常量参数 ρ(ROU);

(2) 在主函数中声明变量后,必须使用循环语句来输出速度范围 $0\sim20$m/s 的运动阻力值,其中可以在输出语句中调用运动阻力计算函数;

(3) 主程序中涉及键盘输入和结果输出的程序行,需要提示语句,体现程序设计的友好性。

实验 12

1.

```
#include<iostream>
#include<string>
#define NumofStu 5
using namespace std;

//学生类
//私有成员变量
class Student
```

```cpp
{
    private:
    string Id;
    string Name;
    double Math;
    double English;
    double Computer;
    double Sum;
    public:
    Initial();
    run();
};

Student stu[NumofStu];

Student::Initial()
{
    int i;
    cout<<"请分别输入 5 个学生的学号、姓名及数学、英语和计算机 3 科成绩"<<endl;
    cout<<"Id   "<<"Name   "<<"Math "<<"English   "<<"Computer"<<endl;

    for(i=0;i<NumofStu;i++)
    {
      //C++输入流
      cin>>stu[i].Id>>stu[i].Name>>stu[i].Math>>stu[i].English>>stu[i]
.Computer;
    }
}

Student::run()
{
    int i,m;
    double max=0;

    //求最大值
    for(i=0;i<NumofStu;i++)
    {
        stu[i].Sum=stu[i].Math+stu[i].English+stu[i].Computer;
        if(stu[i].Sum>max)
        {
            max=stu[i].Sum;
            m=i;
        }
    }
    cout<<endl;
    cout<<"总分最高的学生成绩为:" <<endl;
    cout<<"Id   "<<"Name   "<<"Math    "<<"English   "<<"Computer"<<endl;
    cout<<stu[m].Id<<""<<stu[m].Name<<""<<stu[m].Math<<" "<<stu[m].English
<<" "<<stu[m].Computer<<" "<<endl;
}
```

```
int main()
{
    Student stu;
    stu.Initial();
    stu.run();
    return 0;
}
```

提示与指导：

(1) 分析问题，构建学生类和成员函数；

(2) 对 C++ 程序使用输入输出流标识符，如 cout<<和 cin>>时，命名空间用关键字 namespace 定义；

(3) 程序输入和输出增加提示性语句，程序关键算法和循环体部分，需要增加行注释，便于更好地阅读和理解程序代码。

2. 提示与指导：

(1) 分析问题，构建日期类，包括闰年的成员函数和年、月、日成员变量；

(2) 根据闰年的定义用程序判断是否为闰年；

(3) 算法的关键步骤使用详细注释。

3.

```
#include<iostream>
#define Pi 3.1415927

using namespace std;

class Shape
{
  public:
    Shape()
    {
    }

    virtual CalculateArea()                    //虚函数—计算面积
    {
        area=0;
    }

    void display()
    {
        cout<<"面积:"<<area<<endl;
    }

  protected:                                   //保护的成员变量
    double area;
    double r,width,height;
```

```cpp
};

class Circle:public Shape                          //Circle 类由 Shape 类派生
{
  public:
    Circle(double rCircle)
    {
        r=rCircle;
    }
    virtual CalculateArea()                        //虚函数—计算面积
    {
        area=Pi * r * r;                           //计算圆面积
    }
};

class Rectangle:public Shape                       //Rectangle 类由 Shape 类派生
{
  public:
    Rectangle(double widthRec, double heightRec)
    {
        width=widthRec;
        height=heightRec;
    }
    virtual CalculateArea()                        //虚函数—计算面积
    {
        area=width * height;                       //研究生可以借阅 10 本书
    }
};

int main()
{
    Circle cl(2.0);                                //圆派生类的初始值
    cl.CalculateArea();

    Rectangle rt(3.0,4.0);                         //矩形派生类的初始值
    rt.CalculateArea();

    cl.display();
    rt.display();

    return 0;
}
```

提示与指导：

（1）分析问题，构建形状类和成员函数；

（2）理解虚函数的执行过程，理解派生类的定义方法和面向对象的内涵；

（3）对程序进行功能性描述，在关键成员函数定义和面积计算的执行语句的位置上增加注释语句，便于阅读和理解程序代码。

4. 提示与指导：

(1) 分析问题,构建人民币类和派生利息类 Interest；

(2) 根据人民币存款年利率(%)的定义进行程序判断利息；

(3) 算法的关键步骤使用详细注释。

5.

```cpp
#include<iostream>
#include<iomanip>
using namespace std;

//饮品抽象类
class Drinking{
  public:
    virtual void boiling()=0;
    virtual void brewing()=0;
    virtual void pouring()=0;
    virtual void addsth()=0;
    void making(){
        boiling();
        brewing();
        pouring();
        addsth();
    }
};

//咖啡类
class Coffee:public Drinking{
    void boiling(){ cout<<"煮纯净水中......" <<endl;}
    void brewing(){ cout<<"正在冲泡咖啡......"<<endl;}
    void pouring(){ cout<<"倒入杯中......"<<endl;}
    void addsth() { cout<<"加入奶和白糖......"<<endl;}
};

//茶类
class Tea:public Drinking{
    void boiling(){ cout<<"煮纯净水中......" <<endl;}
    void brewing(){ cout<<"正在冲泡茶叶......"<<endl;}
    void pouring(){ cout<<"倒入杯中......"<<endl;}
    void addsth() { cout<<"加入柠檬片......"<<endl;}
};

void doDrinking(Drinking *pt){
    pt->making();
    delete pt;
}

void makedrinking()
{
    cout<<setw(30)<<setfill('*')<<"正在制作咖啡中"<<setw(20)<<""<<endl;
```

```
    doDrinking(new Coffee);

    cout<<setw(30)<<setfill('*')<<"正在制作茶水中"<<setw(20)<<""<<endl;
    doDrinking(new Tea);
}

int main()
{
    makedrinking();
    return 0;
}
```

提示与指导：

（1）分析问题，构建饮品抽象类和成员函数，初始化制作饮品流程中的 4 个虚函数 boiling()、brewing()、pouring()、addsth()，理解派生类 class Coffee 和 class Tea 的定义方法和面向对象的内涵；

（2）使用关键成员函数 making() 的定义和程序执行，定义 makedrinking() 子函数并在主程序中调用执行；

（3）cout 语句输出 Coffee 和 Tea 的制作饮品流程中的 4 个步骤，便于阅读和理解程序代码。

实验 13

1.

```
#include<stdio.h>
#include<stdlib.h>
#include<string.h>
#define MPICH_SKIP_MPICXX          //避开由 mpicxx.h 导致的编译错误
#include "mpi.h"                    /* 包含 MPI 函数库 */

int main(int argc, char * argv[])
{
    int rank;                       /* 当前进程标识 */
    int nRet;                       /* 返回值 */
    int nProcess;                   /* 进程数量 */
    int source;                     /* 源进程表示 */
    int dest;                       /* 目标进程标识 */
    int tag=0;                      /* 消息标识 */
    char message[128];              /* 消息存储区 */
    MPI_Status status;              /* 消息接收状态 */
    /* 初始化 MPI 环境 */
    nRet=MPI_Init(&argc, &argv);
    if(nRet!= MPI_SUCCESS)
    {
```

```
        printf(" Call MPI_Init failed !\n");
        exit(0);
    }
    /*获得当前空间进程数量*/
    MPI_Comm_size(MPI_COMM_WORLD,&nProcess);
    /*获得当前进程 ID*/
    nRet=MPI_Comm_rank(MPI_COMM_WORLD,&rank);
    if(nRet!=MPI_SUCCESS)
    {
        printf("Call MPI_Comm_rank failed!\n");
        exit(0);
    }
    if(rank!=0)
    {
        /*当前进程不是 0 号进程*/
        sprintf(message,"你好 0 进程,来自进程%d 的问候!",rank);
        /*目标进程为 0 号*/
        dest=0;
        /*向进程 0 发送消息,由于包括字符串结束标志\0,
所以字符数量应当为 strlen(message)+1*/
        MPI_Send(message,strlen(message)+1,MPI_CHAR,
dest,tag,MPI_COMM_WORLD);
    }
    else
    {
        for(source=1;source<nProcess;source++)
        {
            /*接收所有消息*/
            MPI_Recv(message,100,MPI_CHAR, source,tag,MPI_COMM_WORLD,&status);
            /*输出消息*/
            printf("%s\n",message);
        }
    }
    /*退出 MPI 环境*/
    MPI_Finalize();
    return 0;
}
```

提示与指导:

(1) 环境配置完成后,在程序头添加 #include "mpi.h"文件,文件中包含了 MPI 函数库;

(2) MPI_Init()函数初始化 MPI 环境,MPI_Comm_size()函数获得当前空间进程数量,MPI_Comm_rank()函数获得当前进程 ID;

(3) MPI_Send()函数向进程发送消息,MPI_Recv()函数接收所有消息;

(4) 程序结束时需要退出 MPI 环境,使用 MPI_Finalize()函数。

2. 提示与指导:

(1) 环境配置完成后,在程序头添加 #include "mpi.h"文件,文件中包含了 MPI 函数库；

（2）自定义加法计算的分段函数，MPI_Init()函数初始化 MPI 环境，MPI_Comm_size()函数获得当前空间进程数量，MPI_Comm_rank()函数获得当前进程 ID；

（3）MPI_Send()函数向进程发送消息，MPI_Recv()函数接收所有消息；

（4）程序结束时需要退出 MPI 环境，使用 MPI_Finalize()函数。

实验 14

1.

```
/*******************************************
* 文件名:Factorandsum.c
* 作者:Minghai Jiao
* 日期:2023 年 8 月 1 日
*
* 描述:本文件要求从程序循环输入 10 个整数,
*       求阶乘和后输出结果
*
* 修改:Minghai Jiao 2023 年 8 月 1 日规范了
*       子函数命名,规范了返回值变量命名,
*       规范了输出格式,增加了注释
*
*******************************************/

#include<stdio.h>

/*
阶乘运算的子函数
函数名:Factor()
参数:n
调用函数:main()
返回值:ret
*/
double  Factor(int n)
{
/*初始化阶乘变量*/
    double ret=1;
    /*当循环次数小于或等于 n 次时,进行循环*/
    for(int i=2; i<=n; i++)
        ret*=i;
    /*输出每次阶乘的结果*/
    printf("%lf\n", ret);
    return ret;
}
int main()
{
```

```
/*初始化输入变量、和值变量及循环变量*/
    int n=20;
    double result_sum=0;
    /*当循环次数小于或等于n次时,进行循环*/
    for(int i=1; i<=n; i++)
    {
        /*阶乘的累加和*/
        result_sum+=Factor(i);
    }
    /*输出最终的阶乘和的结果*/
    printf("阶乘和= %lf\n", result_sum);
    return 0;
}
```

提示与指导:

(1) 代码开始部分增加文件说明内容,变量标识符命名规范、有意义;

(2) 关键代码部分增加必要的注释,过程陈述清楚无二义性;

(3) 程序代码排版容易阅读、理解和修改;

(4) 程序日志文档清楚合理。

2. 提示与指导:

(1) 代码开始部分增加文件说明内容,变量标识符命名规范、有意义;

(2) 关键代码部分增加必要的注释,过程陈述清楚无二义性;

(3) 程序代码排版容易阅读、理解和修改;

(4) 时间记录尽可能全面,日志文档内容详细合理。

3.

```
/*********************************************
* 文件名:Incomexpend.c
* 作者:Minghai Jiao
* 日期:2023年8月18日
*
* 描述:本文件要求编写个人收支账本系统
*       具有增加、查看功能
*
* 修改:Minghai Jiao 2023年8月22日规范了
*       子函数命名,规范了返回值变量命名,
*       规范了输出格式,增加了注释
*
*********************************************/

#include<stdio.h>
#include<string.h>

void displaymenu()
{
    system("CLS");
```

```
    printf("-------------------MENU----------------\n");
    printf("1.增加收支项目\n");
    printf("2.查看所有收支项目\n");
    printf("3.查询最后输入收支项目\n");
    printf("0.退出程序\n");
    printf("-------------------MENU----------------\n\n");
}

void addbalance()
{
    FILE * fp;
    char str[200],ch;
    int i=0;

    //打开文件
    fp = fopen("balance.txt", "a");
    if(fp==NULL){
        printf("无法打开文件! \n");
        return -1;
    }
    //通过键盘输入内容
    printf("请输入收支内容:");
    while((ch=getchar())!=EOF)
        str[i++]=ch;
    str[i]='\0';

    //写内容到文件
    fprintf(fp,"%s",str);

    fclose(fp);
    return 0;
}

void listbalance()
{
    FILE * fp;
    char str[200];
    int i=0;

    //打开文件
    fp = fopen("balance.txt", "r");
    if(fp==NULL){
        printf("无法打开文件! \n");
        return -1;
    }
    //读取文件内容到字符数组
    printf("查看收支内容:");
    for(i=0;!feof(fp);i++)
        fscanf(fp,"%c",&str[i]);
```

```c
    //字符数组输出到屏幕
    for(i=0;i<strlen(str);i++)
        printf("%c",str[i]);

    fclose(fp);
    return 0;
}


void lastquarybalance()
{
    FILE * fp;
    char str[200],ch;

    //文件内部指针 fseek()函数的偏移
    int i=-1,count=0;

    //打开文件
    fp = fopen("balance.txt", "r");
    if(fp==NULL){
        printf("无法打开文件! \n");
        return -1;
    }

    //移动指针离文件结尾 1 字节处
    fseek(fp, i, SEEK_END);
    //读取一个字符
    ch = fgetc(fp);

    //通过循环把文件指针从文件结尾向前偏移
    while(1)
    {
        //文件内部指针从文件结尾向前移动
        i--;
        count++;
        //fseek()函数作用:操作文件指针移动
        fseek(fp, i, SEEK_END);
        ch = fgetc(fp);

        //文件中有两个回车符号
        //用 count 判断和回车符号处理文件指针移动
        if(count>2&&ch=='\n')
            break;
    }

    //i 设置为正向循环
    i = 0;

    //如果未到文件结尾
    while (!feof(fp))
    {
```

```
        //读取的数字保存至字符数组中
        ch = fgetc(fp);
        str[i] = ch;
        i++;
        if(ch=='\n')
            break;
        str[i]='\0';
    }

    fclose(fp);

    //字符数组输出到屏幕
    for(i=0;i<strlen(str);i++)
        printf("%c",str[i]);
    return 0;
}


int main()
{
    int select;
    //此处调用显示菜单函数,形成收支记账菜单

    displaymenu();
    printf("请选择一个功能:");
    scanf("%d",&select);
    switch(select)
    {
        case 1:
            //添加新收支项目
            printf("添加一个新收支项目。\n");
            //调用添加新收支项目的函数
            addbalance();
            break;
        case 2:
            //查看所有收支项目
            printf("查看列出的所有收支项目。\n");
            //调用、查看所有收支项目的函数
            listbalance();
            break;
        case 3:
            //查看最后一次输入的收支项目
            printf("查看最后一次收支项目。\n");
            //调用查看最后一次收支项目的函数
            lastquarybalance();
            break;
        case 0:                                    //退出菜单
            return;
        default:
            printf("输入错误,请重新选择。\n");
            break;
```

```
        printf("按任意键继续……\n");
    }
    return 0;
}
```

提示与指导：

（1）代码开始部分增加文件说明内容，变量标识符命名规范；

（2）阶乘算法程序使用子函数编写，关键代码部分增加必要的注释，过程陈述清楚、无二义性；

（3）程序代码排版容易阅读、理解和修改。

因为 EGE 是外部库，所以需要安装相应的程序支持代码，首先访问官网 https：//xege
.org/下载压缩包，当前压缩包是 ege20.08_all。解压安装包（这里将其解压到 C 盘根目录
下），lib 子文件夹中已包含支持不同 IDE 的库文件，如图 B-1 所示。

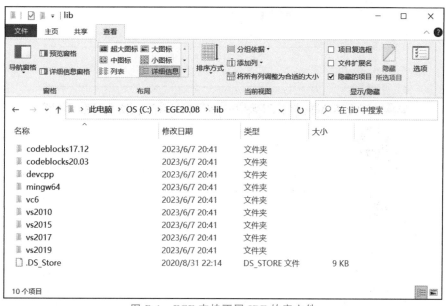

图 B-1　EGE 支持不同 IDE 的库文件

这里以最新的 20.03 版本为例，配置 CodeBlocks IDE 环境。如需要在其他 EGE 支持
的 IDE 系统下安装配置指导，请自行查看 EGE 官网信息。

1. 添加包含路径和链接库路径

启动 CodeBlocks，选择"设置"（Settings）菜单下的编译器（Compiler），打开编译器设
置。在 Search directories 下 Compiler 选项卡中添加（左下角的 Add 按钮）如图 B-2 所示路
径，注意按 EGE 解压的位置设置。

然后在 Linker 选项卡下添加如图 B-3 所示路径。

路径可以从文件资源管理器中复制，在解压出的 EGE 文件夹中，根据安装的
CodeBlocks 版本选择相应的文件夹，在地址栏复制目录路径。

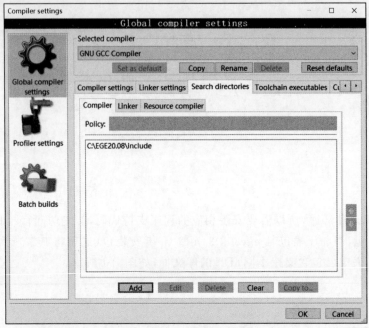

图 B-2　添加编译器搜索路径

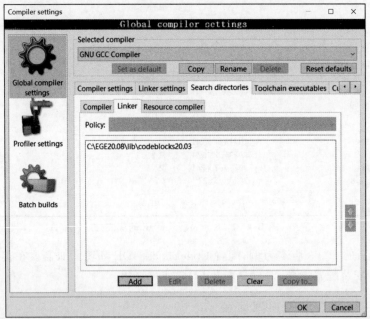

图 B-3　添加链接文件搜索路径

2. 设置链接参数

在 Linker Settings 选项卡中,添加 libgraphics64.a、libgdi32.a、libimm32.a、libmsimg32.a、libole32.a、liboleaut32.a、libwinmm.a、libuuid.a、libgdiplus.a。设置完成后如图 B-4 所示。

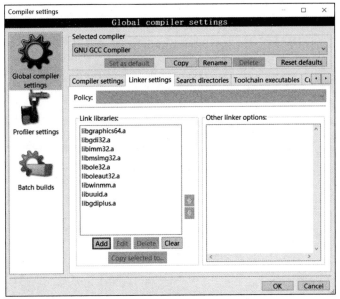

图 B-4　设置链接参数

3. 测试配置是否正确

以上设置完成后,建立一个控制台应用工程文件(Console application),注意语言必须选择 C++ ,而不是 C。main()函数所在文件扩展名必须是 cpp,而不是 c。在该文件中输入如下代码,双斜杠开头的是单行注释,方便读者理解程序代码含义,不用输入。

```cpp
#include<graphics.h>
int main()
{
    //设置绘画窗口大小
    initgraph(640, 480);
    //设置绘画颜色为红色
    setcolor(RED);
    //设置背景颜色为白色
    setbkcolor(WHITE);
    //画圆
    circle(320, 240, 100);
    //等待按任意键,关闭绘画窗口
    getch();
    //关闭绘画窗口
    closegraph();
    return 0;
}
```

编译运行,如果运行后出现如图 B-5 所示界面,就说明配置成功了。下面就可以开启图形编程之旅了。

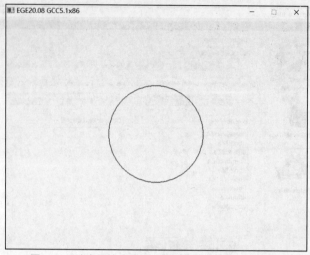

图 B-5　测试环境安装是否正确的代码运行效果图

附录 C 常用 C 语言库函数

C.1 字符处理函数

使用以下字符处理函数(见表 C-1),需要在源程序中加入♯include ＜ctype.h＞,把 ctype.h 头文件包含到源程序文件中。

表 C-1 字符处理函数原型及功能描述

函 数 原 型	功 能 描 述
int isalpha(int ch)	判断 ch 是否是字母,若是字母返回非 0 值,否则返回 0
int isalnum(int ch)	判断 ch 是否是字母或数字,若是字母或数字返回非 0 值,否则返回 0
int isascii(int ch)	判断 ch 是否是字符(ASCII 码中 0～127),若是返回非 0 值,否则返回 0
int iscntrl(int ch)	判断 ch 是否是控制字符,若是返回非 0 值,否则返回 0
int isdigit(int ch)	判断 ch 是否是数字,若 ch 是数字('0'～'9')返回非 0 值,否则返回 0
int isgraph(int ch)	判断 ch 是否是可显示字符,若是字符(0x21～0x7E)返回非 0 值,否则返回 0
int islower(int ch)	判断 ch 是否是小写字母,若是返回非 0 值,否则返回 0
int isprint(int ch)	若 ch 是可打印字符(含空格)(0x20～0x7E)返回非 0 值,否则返回 0
int ispunct(int ch)	若 ch 是标点字符(0x00～0x1F)返回非 0 值,否则返回 0
int isspace(int ch)	若 ch 是空格,水平制表符('\t'),回车符('\r'),走纸换行('\f'),垂直制表符('\v'),换行符('\n')返回非 0 值,否则返回 0
int isupper(int ch)	若 ch 是大写字母('A'～'Z')返回非 0 值,否则返回 0
int isxdigit(int ch)	若 ch 是十六进制数('0'～'9','A'～'F','a'～'f')返回非 0 值,否则返回 0
int tolower(int ch)	若 ch 是大写字母('A'～'Z')返回相应的小写字母('a'～'z')
int toupper(int ch)	若 ch 是小写字母('a'～'z')返回相应的大写字母('A'～'Z')

C.2 数学函数

使用数学函数(见表 C-2),应在源文件中使用♯include ＜math.h＞,把 math.h 头文件包含到源程序文件中。

表 C-2 数学函数原型及功能描述

函 数 原 型	功 能 描 述
int abs(int i)	返回整型参数 i 的绝对值
double acos(double x)	返回 x 的反余弦 $\cos^{-1}(x)$ 值,x 为弧度
double asin(double x)	返回 x 的反正弦 $\sin^{-1}(x)$ 值,x 为弧度
double atan(double x)	返回 x 的反正切 $\tan^{-1}(x)$ 值,x 为弧度
double atan2(double y,double x)	返回 y/x 的反正切 $\tan^{-1}(x)$ 值,y 和 x 为弧度
double cabs(struct complex znum)	返回复数 znum 的绝对值
double pow(double x,double y)	返回指数函数(x 的 y 次方)的值
double pow10(int p)	返回 10 的 p 次方的值
void rand(void)	产生一个随机数并返回这个数
double sin(double x)	返回 x 的正弦 $\sin(x)$ 值,x 为弧度
double sinh(double x)	返回 x 的双曲正弦 $\sinh(x)$ 值,x 为弧度

C.3 字符串处理函数

所在函数库为 string.h,使用如表 C-3 所示函数,需要在程序中加入♯include<string.h>,把 string.h 头文件包含到源程序文件中。

表 C-3 字符串处理函数原型及功能描述

函 数 原 型	功 能 描 述
char * strcpy(char * dest,const char * src)	将字符串 src 复制到 dest
char * strcat(char * dest,const char * src)	将字符串 src 添加到 dest 末尾
char * strchr(const char * s,char c)	检索并返回字符 c 在字符串 s 中第一次出现的位置
int strcmp(const char * s1,const char * s2)	比较字符串 s1 与 s2 的大小,s1<s2 返回负数,s1=s2 返回 0,s1>s2 返回正数
char * strdup(const char * s)	将字符串 s 复制到新建立的内存区域,并返回该区域首地址
size_t strlen(const char * s)	返回字符串 s 的长度
char * strstr(char * str1, char * str2)	在串 str1 中查找指定字符串 str2 的第一次出现的位置,返回指向 str1 的字符型指针
char * strlwr(char * s)	将字符串 s 中的大写字母全部转换成小写字母,并返回转换后的字符串
char * strrchr(char * str, char c)	在串 str 中查找指定字符 c 最后出现的位置
char * strncat(char * dest,const char * src,size_t maxlen)	将字符串 src 中最多 maxlen 个字符添加到字符串 dest 末尾

续表

函 数 原 型	功 能 描 述
int strncmp(const char * s1,const char * s2,size_t maxlen)	比较字符串 s1 与 s2 中的前 maxlen 个字符
char * strncpy(char * dest,const char * src,size_t maxlen)	复制 src 中的前 maxlen 个字符到 dest 中
int strnicmp(const char * s1,const char * s2,size_t maxlen)	比较字符串 s1 与 s2 中的前 maxlen 个字符(不区分大小写字母)
char * strnset(char * s,int ch,size_t n)	将字符串 s 的前 n 个字符更改为 ch,并返回修改后的字符串
char * strset(char * s,int ch)	将字符串 s 中的所有字符置于一个给定的字符 ch
char strupr(char * s)	将字符串 s 中的小写字母全部转换成大写字母,并返回转换后的字符串
int tolower(int ch)	返回 ch 所代表的字符的小写字母
int toupper(int ch)	返回字符 ch 相应的大写字母

C.4 输入输出函数

使用如表 C-4 所示函数,应该在源文件中加入♯include＜stdio.h＞。另外,在一些编译系统中,表 C-4 中的函数可能在头文件 io.h 中,需要使用♯include＜io.h＞,将此头文件包含在程序中。

表 C-4 输入输出函数原型及功能描述

函 数 原 型	功 能 描 述
int chmod(const char * filename, int permiss)	用来改变文件的属性。成功返回 0,否则返回-1
int close(int handle)	关闭 handle 所表示的文件处理,成功返回 0,否则返回-1
void clearerr(FILE * stream)	清除流 stream 上的读写错误
int chsize(int handle, long size)	改变文件大小。参数 size 表示文件新的长度,如果指定的长度小于文件长度,则文件被截短;如果指定的长度大于文件长度,则在文件后面补"
int cprintf(const char * format[, argument,…])	发送格式化字符串输出到屏幕
void cputs(const char * string)	写字符到屏幕,即发送一个字符串 string 输出到屏幕
int creat(char * filename,int permiss)	建立一个新文件 filename,并设定文件属性,如果文件已经存在,则清除文件原有内容
int creatnew(char * filenamt,int attrib)	建立一个新文件 filename,并设定文件属性,如果文件已经存在,则返回出错信息。attrib 为文件属性,可以为以下值:FA_RDONLY,只读;FA_HIDDEN,隐藏;FA_SYSTEM,系统

函 数 原 型	功 能 描 述
int cscanf(char * format[, argument …])	直接从控制台（键盘）读入数据
int eof(int * handle)	检查文件是否结束，结束返回 1，否则返回 0
int fclose(FILE * stream)	关闭一个流，可以是文件或设备（如 LPT1）
int fcloseall()	关闭所有除 stdin 或 stdout 外的流
int feof(FILE * stream)	检测 stream 上的文件指针是否在结束位置
int ferror(FILE * stream)	检测 stream 上是否有读写错误，如有错误就返回 1
long filelength(int handle)	返回文件长度，handle 为文件号
int fgetc(FILE * stream)	从 stream 处读一个字符，并返回这个字符
int fgetchar()	从标准输入设备读一个字符，显示在屏幕上
char * fgets(char * string, int n, FILE * stream)	从 stream 中读 n 个字符存入 string 中
FILE * fopen(char * filename, char * type)	打开一个文件 filename，打开方式为 type，并返回这个文件指针
int fprintf(FILE * stream, char * format[,argument,…])	以格式化形式将一个字符串写给指定的 stream
int fputc(int ch, FILE * stream)	将字符 ch 写入 stream 中
int fputs(char * string, FILE * stream)	将字符串 string 写入 stream 中
int fread(void * ptr, int size, int nitems, FILE * stream)	从 stream 中读入 nitems 个长度为 size 的字符串存入 ptr 中
int fscanf(FILE * stream, char * format[,argument,…])	fscanf 扫描输入字段，从 stream 读入，每读入一个字段，就依次按照由 format 所指的格式串中取一个从 % 开始的格式，进行格式化之后存入对应的一个地址（address）中
int fseek(FILE * stream, long offset, int fromwhere)	把文件指针移到 fromwhere 所指位置的向后 offset 个字节处，fromwhere 可以为以下值：SEEK_SET，文件开头；SEEK_CUR，当前位置；SEEK_END，文件结尾
long ftell(FILE * stream)	函数返回定位在 stream 中的当前文件指针位置，以字节表示
int fwrite(void * ptr, int size, int nitems, FILE * stream)	从指针 ptr 开始把 nitems 个数据项添加到给定输出流 stream，每个数据项的长度为 size 个字节
int getc(FILE * stream)	从 stream 中读一个字符，并返回这个字符
int getch()	从标准输入设备读一个字符，不显示在屏幕上
int getchar()	从标准输入设备读一个字符，显示在屏幕上
char * gets(char * string)	从流中取一字符串。成功返回 string，否则返回一个空指针
int getw(FILE * stream)	从 stream 读入一个整数，错误返回 EOF
int open(char * filename, int mode)	以 mode 指出的方式打开存在的名为 filename 的文件

续表

函 数 原 型	功 能 描 述
int printf(char * format[,argument,…])	发送格式化字符串输出给标准输出设备
int putc(int ch,FILE * stream)	向 stream 写入一个字符 ch,stream 为要读出的文件的指针
int putchar()	向标准输出设备写一个字符
int puts(char * string)	发送一个字符串 string 给标准输出设备
int putw(int w,FILE * stream)	向 stream 写入一个整数
int read(int handle, void * buf, int nbyte)	从文件号为 handle 的文件中读 nbyte 个字符存入 buf 中,返回真正读入的字节个数。遇到文件结束返回 0,出错返回−1
int remove(char * filename)	删除一个文件,若文件被成功地删除返回 0,出错返回−1
int rename(char * oldname, char * newname)	重命名文件,成功返回 0,出错返回−1
int rewind(FILE * stream)	将当前文件指针 stream 移到文件开头
int scanf(char * format[,argument…])	从标准输入设备按 format 指定的格式输入数据,赋给 argument 指向的单元文件结束返回 EOF,出错返回 0
int write(int handle, void * buf, int nbyte)	将 buf 中的 nbyte 个字符写入文件号为 handle 的文件中。返回实际输出的字节数,出错返回−1

C.5 动态存储分配函数

使用如表 C-5 所示函数,需要在源程序使用♯include ＜malloc.h＞或♯include ＜stdlib.h＞,把 malloc.h 或 stdlib.h 头文件包含到源程序文件中。

表 C-5 动态存储分配函数原型及功能描述

函 数 原 型	功 能 描 述
void * calloc(unsigned nelem, unsigned elsize)	分配 nelem 个长度为 elsize 的内存空间,并返回所分配内存的指针
void * malloc(unsigned size)	分配 size 个字节的内存空间,并返回所分配内存的指针
void free(void * ptr)	释放先前所分配的内存,所要释放的内存的指针为 ptr
void * realloc(void * ptr, unsigned newsize)	改变已分配内存的大小,ptr 为已分配有内存区域的指针,newsize 为新的长度,返回分配好的内存指针

C.6 时间日期函数

在引用无特殊注明的时间日期函数时(见表 C-6),应使用♯include＜time.h＞,把 time.h 头文件包含到源程序中。另外,在一些编译系统中,表 C-6 所示函数可能在头文件 bios.h

中,需要使用♯include<bios.h>,将此头文件包含在源程序文件中。

表 C-6　时间日期函数原型及功能描述

函 数 原 型	功 能 描 述
long biostime(int cmd,　long newtime)	读取或设置 BIOS 时间,头文件为<bios.h>。cmd 是 0 返回时钟的当前值,cmd 是 1,它置时针为 newtime 的值
clock_t clock(void)	返回程序开始运行到现在所花费的时间
int getftime(int handle, struct ftime * ftimep)	取文件日期和时间,返回时间日期
void getdate(structdate * dateblk)	取 DOS 日期。头文件为<dos.h>
int stime(long * tp)	设置系统时间为 tp 所指值
long time(long * tloc)	返回系统的当前时间

C.7　目录函数

引用目录函数(见表 C-7),应使用♯include<dir.h>,把 dir.h 头文件包含到源程序文件中。

表 C-7　目录函数原型及功能描述

函 数 原 型	功 能 描 述
int chdir(const char * path)	使路径名由 path 所指的目录变为当前工作目录。成功返回 0,否则返回 −1
int mkdir(const char * path)	用 path 所指路径名建立一个目录
int rmdir(const char * path)	删除由 path 所指的目录,目录要被删除时,必须是空,不必是当前目录,且不必是根目录
int setdisk(int drive)	将当前驱动器置为 drive 所指定的驱动器。返回系统中驱动器的总数

图书资源支持

感谢您一直以来对清华版图书的支持和爱护。为了配合本书的使用，本书提供配套的资源，有需求的读者请扫描下方的"书圈"微信公众号二维码，在图书专区下载，也可以拨打电话或发送电子邮件咨询。

如果您在使用本书的过程中遇到了什么问题，或者有相关图书出版计划，也请您发邮件告诉我们，以便我们更好地为您服务。

我们的联系方式：

清华大学出版社计算机与信息分社网站：https://www.shuimushuhui.com/

地　　　址：北京市海淀区双清路学研大厦 A 座 714

邮　　　编：100084

电　　　话：010-83470236　010-83470237

客服邮箱：2301891038@qq.com

QQ：2301891038（请写明您的单位和姓名）

资源下载：关注公众号"书圈"下载配套资源。

资源下载、样书申请

书圈

图书案例

清华计算机学堂

观看课程直播